Ecocasa – Una Visión Holística sobre la Vida Sustentable

Rogerio Cietto

Published by Rogerio Cietto, 2021.

Ecocasa – Una Visión Holística sobre la Vida Sustentable

Index

Introducción

Dios los bendijo y dijo: "Sean fructíferos y multiplíquense, llenen la faz de la tierra y sométanla. Domine los peces del mar, las aves del cielo y todos los animales que se arrastran sobre la tierra". Genesis 1, 28. (Así todo hombre es llamado a reinar sobre el mar, el cielo y la tierra, por eso todos tenemos un poco del espíritu SEAL y otras fuerzas especiales dentro de nosotros).

La palabra eco significa naturaleza (en griego *oikos* significa casa, hogar), por lo que una ecocasa sería un lugar que respeta el medio ambiente (literalmente, un hogar dentro de un hogar). Sería fácil para todos ser ecológicamente correctos, en completa simbiosis con la naturaleza: solo tenemos que vivir como vivíamos hace 4000 años, cazando, plantando y viviendo en refugios sin agua ni energía ...

Esto no sería prudente, ya que muchos de nosotros moriríamos de hambre, enfermedades o desastres. Pero la forma en que vivían nuestros antepasados puede ayudarnos a comprender por qué necesitamos repensar nuestra relación con la naturaleza. Nuestros antepasados lucharon por su supervivencia individual a diario, y aquellos con tecnología y recursos (virtualmente ilimitados en ese momento) estaban un paso por delante.

Hoy luchamos por la misma supervivencia, pero basándonos en los beneficios que tenemos hoy, y algunos de nosotros estamos muy por delante de nosotros por el acceso a la tecnología y los recursos (claramente limitado en vista de la población mundial actual).

Antes de explicar las innumerables ideas recogidas en este trabajo, es necesario comprender la Sostenibilidad y los conceptos y principios que inspiraron este trabajo.

La sostenibilidad es la capacidad de vivir respetando tres factores:

- ambiental (bueno para el planeta y sus recursos);

- social (bueno para otras personas, ya sea que estén cerca o lejos);

- económico (accesible para que cualquiera pueda comprarlo y mantenerlo).

El Papa Francisco expone claramente esta interrelación en la Encíclica Laudato Sì: "139. Cuando hablamos de **"medio ambiente"**, también nos referimos a una relación particular: la relación entre la naturaleza y la sociedad que la habita. Esto nos impide considerar la naturaleza como algo separado de nosotros o como un mero marco de nuestra vida. **Estamos incluidos en ella, somos parte de ella.** Las razones por las que un lugar está contaminado requieren un análisis del funcionamiento de la sociedad, su economía, su comportamiento, sus formas de entender la realidad. Dada la magnitud de los cambios, ya no es posible encontrar una respuesta específica e independiente para cada parte del problema. Es fundamental buscar soluciones integrales que consideren las interacciones de los sistemas naturales entre sí y con los sistemas sociales. **No hay dos crisis separadas: una ambiental y una social; sino una única y compleja crisis socioambiental.** Los lineamientos para la solución requieren un enfoque integral para combatir la pobreza, devolver la dignidad a los excluidos y, al mismo tiempo, cuidar la naturaleza".

Por lo tanto, las ideas descritas están dirigidas a quienes tienen pocos recursos naturales, problemas sociales y limitaciones financieras. Si no estás en una de estas categorías, puedes usarlas fácilmente, e incluso mejorarlas, según tus necesidades. Todo lo que ahorres de la naturaleza será bueno para los demás.

Debido a las severas condiciones ambientales que experimentan algunas personas en la actualidad, como las sequías, la exposición a agentes biológicos o el hambre, la construcción de un invernadero aumenta significativamente sus posibilidades de supervivencia y, lo más importante, recuperar su dignidad.

¿Qué necesita tener una ecocasa? Como mínimo debe permitir la posibilidad de llegar a las principales necesidades de cualquier ser humano, que son:

- refugio protector;
- agua potable;

- recursos energéticos;
- comida nutritiva;
- aire respirable;
- formar parte de una familia y una comunidad;
- cree en la trascendencia y la salvación.

Las principales necesidades de los seres humanos nunca cambiarán, pero los métodos para satisfacerlas varían. Es por eso que algunas de las ideas funcionan muy bien en algunos lugares y no tan bien en otros. No dude en adaptar nuestras sugerencias a sus necesidades específicas. La adaptabilidad es fundamental para la supervivencia de cualquier especie.

Las primeras cinco necesidades son físicas y las dos últimas son espirituales. Nuestro trabajo muestra cómo tener un refugio amigable con el medio ambiente con energía, agua y alimentos. El aire limpio se encuentra solo lejos de las ciudades, donde hay bosques. Las necesidades espirituales solo se pueden encontrar dentro de una familia y dentro de uno mismo (mayores informaciones en el libro *Em busca de Sentido*, de Viktor Frankl). Le recomendamos que busque cuál es la doctrina de la verdadera salvación y que evite los falsos profetas y las promesas.

Si bien una familia y una comunidad no están hechas de materiales sólidos, sus vínculos (es decir, padre-madre-hijos, algo que nunca cambiará) son necesarios para quien busca la paz, los valores morales, la realización espiritual y la felicidad. Además, cada uno de sus residentes debe estar protegido de la desesperanza cuando las cosas no salen según lo planeado. Además, todo ser humano necesita creer en algo más que en sí mismo, y que todo lo que sucede en su vida es temporal, pero la salvación es para siempre.

Ciertamente, una familia bien estructurada se beneficiará de un hogar bien estructurado, donde los padres podrán vivir en paz y criar a sus hijos. Además, los niños aprenderán fácilmente todos los conceptos relacionados con las ciencias naturales, porque los experimentarán todos los días.

Finalmente, nos dimos cuenta de que, cuando se ponen en práctica, algunas grandes ideas simplemente no funcionan. Por ejemplo: la recolección de agua de lluvia en el noreste de Brasil o los refugios en el África subsahariana plantean desafíos únicos. Trabajamos en el peor de los casos, por lo tanto:

- no dependen de ningún apoyo gubernamental. De esa manera, su sostenibilidad no dependerá de políticos, cabilderos, fondos gubernamentales y similares. Sin embargo, el trabajo cooperativo es siempre importante y el trabajo en grupo forma parte de nuestra vida social;

- Creemos que vivir no es solo sobrevivir, sino vivir con dignidad y seguridad. Por lo tanto, tener habitaciones espaciosas y paredes sólidas no es superfluo. Pregúntese: "¿Vivirías en una casa con paredes delgadas y espacio para solo dos?";

- cree que las ideas y soluciones simples cuestan menos. Un panel solar no es accesible para todos en el mundo, e incluso si lo fueran, ¿quién lo pagaría? Es bueno respetar el medio ambiente, pero ¿cuánto pagarías por ello? No es razonable pagar un 50% más por una manzana orgánica.

Un concepto muy simple de sostenibilidad es tomar lo mismo que devuelves de la naturaleza. La captura es fácil e inevitable (comida, agua, energía, recursos naturales) pero si tomas menos, tendrás que devolver menos para ser sostenible.

Formas de no sacar demasiado de la naturaleza:

- no desperdiciar alimentos, incluso si no son aptos para el consumo (pero no comer en este caso);

- producir menos dióxido de carbono, metano y otros gases de efecto invernadero;

- reciclar y reutilizar el agua, especialmente donde llueve poco;

- utilizar energías renovables (aire, agua, solar, etc.);

- No desperdicie los materiales utilizados para la construcción.

Formas de devolver lo que la naturaleza te ha proporcionado:

- plantar árboles que se adapten fácilmente al clima, para producir más oxígeno y absorber dióxido de carbono;

- utilice los objetos no utilizados (plástico, metal, etc.) tanto como sea posible;

- intente tanto como sea posible para ayudar con los ciclos de la naturaleza (el ciclo del agua es parte del proyecto, y puede ver fácilmente que el ciclo de los alimentos también se puede ayudar).

La siguiente figura muestra una forma sencilla de demostrar cómo podemos mantener nuestra relación con la naturaleza (la idea de este trabajo comenzó con un proyecto escolar). A medida que fluye el flujo de recursos (flechas rojas), se respetan los ciclos y la persona puede afirmar que tiene una vida sostenible. Si el ciclo no fluye correctamente (evaporación, fotosíntesis de árboles, absorción de agua en el suelo), algunas partes del mismo se sobrecargan en beneficio de la persona.

La sostenibilidad es un proceso y la mejor forma de poner las ideas en práctica es de forma gradual. Por lo tanto, no se ponga radical, no tire su nuevo automóvil o estufa de gas hasta que estén bien gastados (entonces es hora de tener un automóvil que funcione con electricidad o etanol y una estufa eléctrica).

Sin embargo, tenga en cuenta que volverse sostenible requiere tiempo, dinero y trabajo. Pero, cuando lo alcance, será libre. No es del todo independiente, pero el gobierno no afectará tanto a su vida como a su familia. La libertad es el objetivo de todo ser humano, y trabajar y luchar por ella vale cada segundo, cada centavo y sudor gastados.

Abrigo

En una situación de supervivencia, la persona puede intentar buscar agua o comida primero. Sin embargo, en un refugio estará alejada de muchos peligros y podrá satisfacer sus otras necesidades con mayor facilidad. La falta de un lugar adecuado para vivir es el problema más notorio en los países pobres, y de ahí el uso excesivo de otros recursos (más energía para enfriar casas con mal aislamiento térmico, agua contaminada por todo tipo de residuos enviados directamente al suministro de agua, etc.). La falta de vivienda es también una de las principales causas de trastornos familiares.

Encontrar un lugar para construir una casa en un área urbana puede ser difícil, debido al alto costo del terreno, pero es mucho más seguro construir su ecocasa en un área pequeña y segura que en un lugar más grande con riesgo de inundaciones y otras causas naturales de desastres. Además, las personas que viven en el área rural pueden querer más espacio para la agricultura.

Diseñamos una casa en base a una propiedad de 175 metros cuadrados, basándonos en los costos inmobiliarios y la legislación local en muchas ciudades de países pobres. Una propiedad de 7 x 25 m suele ser el mínimo disponible, y es suficiente para que cuatro o cinco personas vivan en buenas condiciones (35 a 43 metros cuadrados por persona).

Si su ubicación es mayor de 7 x 25 m, use el espacio adicional para plantar árboles o plantas comestibles, pero tenga cuidado al elegir plantas, algunas pueden atraer animales venenosos o las raíces pueden crecer horizontalmente y afectar la construcción. Asimismo, no plante árboles que crezcan más de 8 metros y sombree el techo con paneles solares.

La casa puede eventualmente ser utilizada por más personas, ya que en los países pobres es común que quince o más personas vivan bajo el mismo techo. No es la situación ideal, sino el peor de los casos con el que queremos lidiar.

Ciertamente este espacio ya no está disponible en Nueva York, San Paulo o Tokio, donde más de 500 personas viven en un edificio que ocupa 1.000 metros cuadrados de terreno. Este tipo de vivienda (2 metros cuadrados por persona) requiere mucha energía y recursos, y está lejos de ser sostenible. Para quienes se encuentran en esta situación, utilizar las ideas de agua y energía que se explican a continuación es de suma importancia.

También consideraremos que el sitio no cuenta con servicios de energía, agua o alcantarillado. Si lo hacen, es muy probable que no sean sostenibles ni fiables, por lo que es mejor pensar en vivir fuera de la red.

La casa diseñada a continuación es muy sencilla y puedes adaptarla a tus necesidades. Pero recuerde que la reutilización y el reciclaje del agua dependen de la gravedad para funcionar. Si es posible, construya el eje principal en dirección este-oeste y el techo más bajo mirando al norte (hemisferio sur) o al sur (hemisferio norte), para calentar el agua utilizada para producir energía.

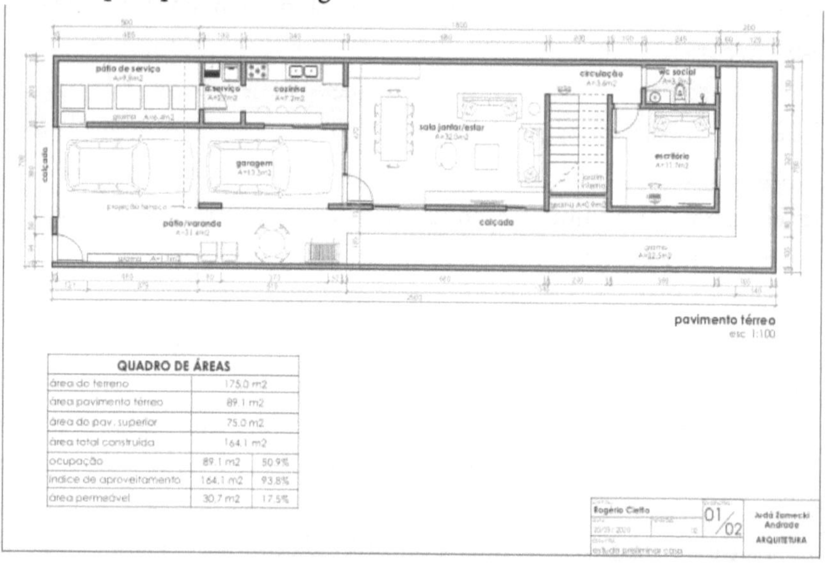

QUADRO DE ÁREAS		
área do terreno	175,0 m2	
área pavimento térreo	89,1 m2	
área do pav. superior	75,0 m2	
área total construída	164,1 m2	
ocupação	89,1 m2	50,9%
índice de aproveitamento	164,1 m2	93,8%
área permeável	30,7 m2	17,5%

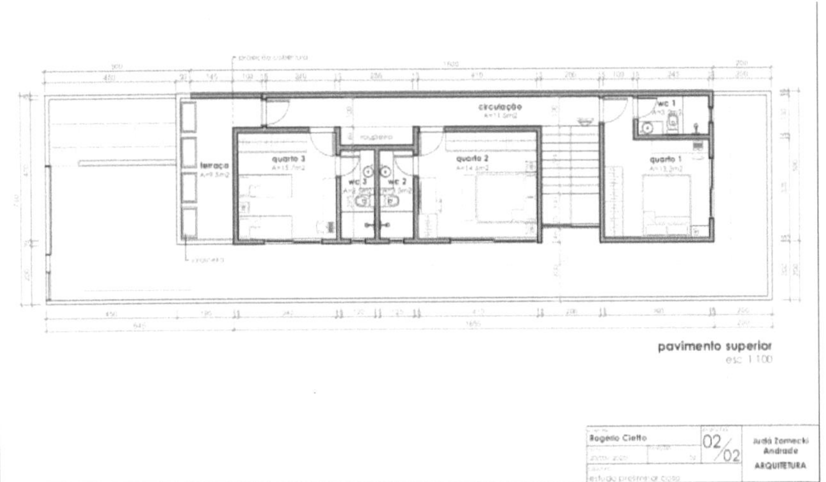

circulação
A=11.5m2
terraça
A=9.3m2
quarto 3
A=15.7m2
quarto 2
A=14.5m2
quarto 1
A=13.3m2
wc 1
wc 3
wc 2
roupeiro
pavimento superior
esc 1:100
Rogerio Cietto
02/02
Judá Zarnecki
Andrade
ARQUITETURA

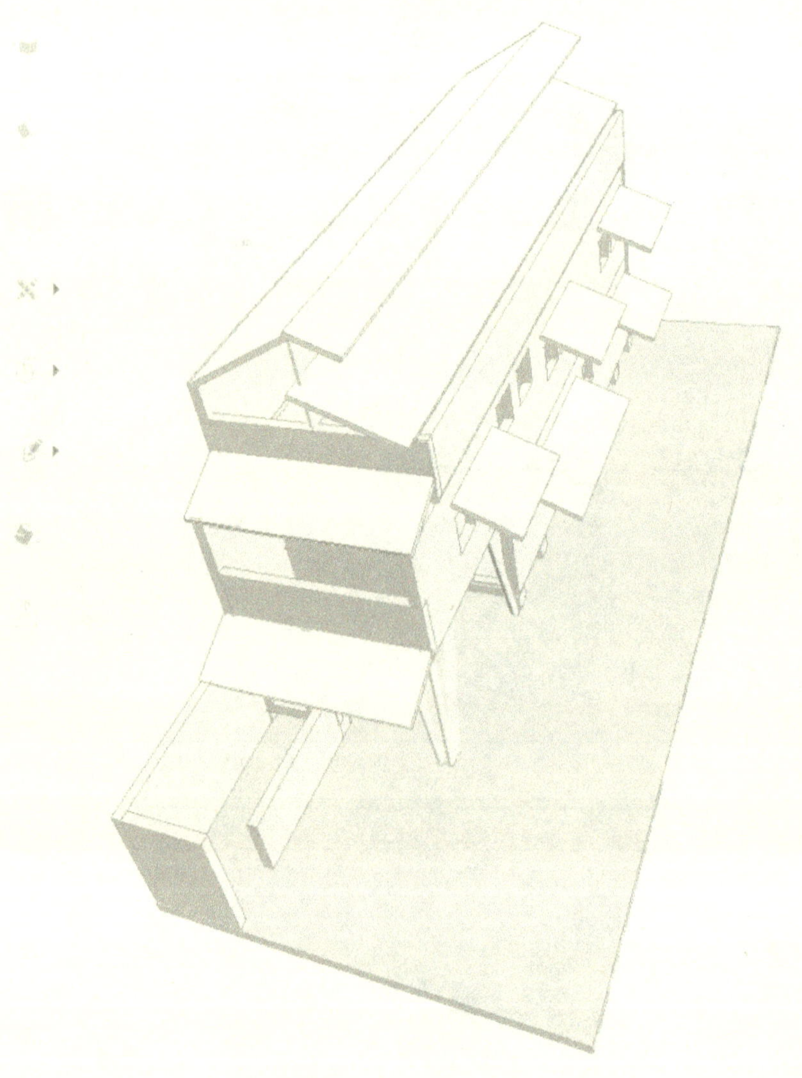

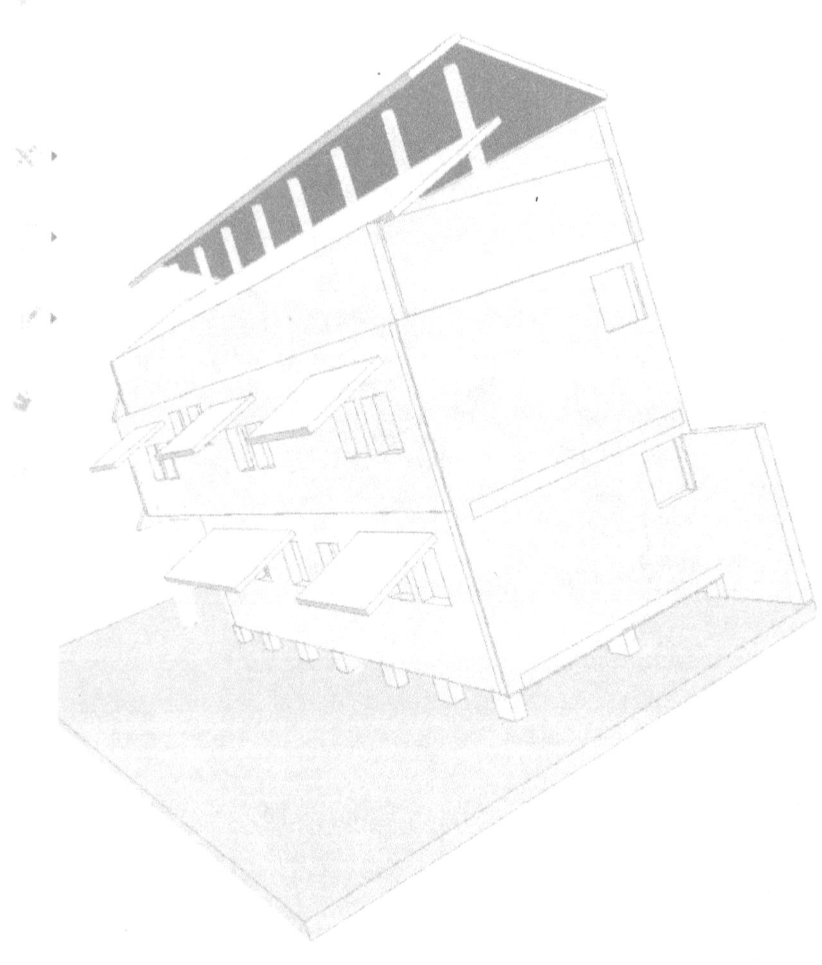

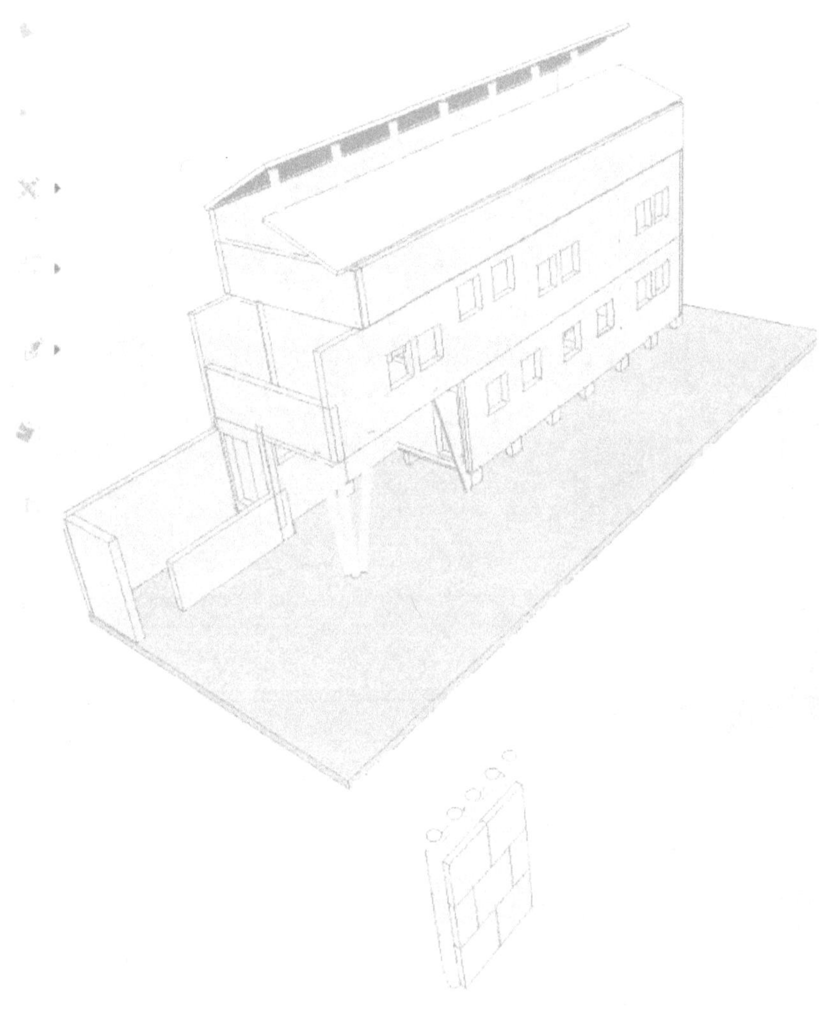

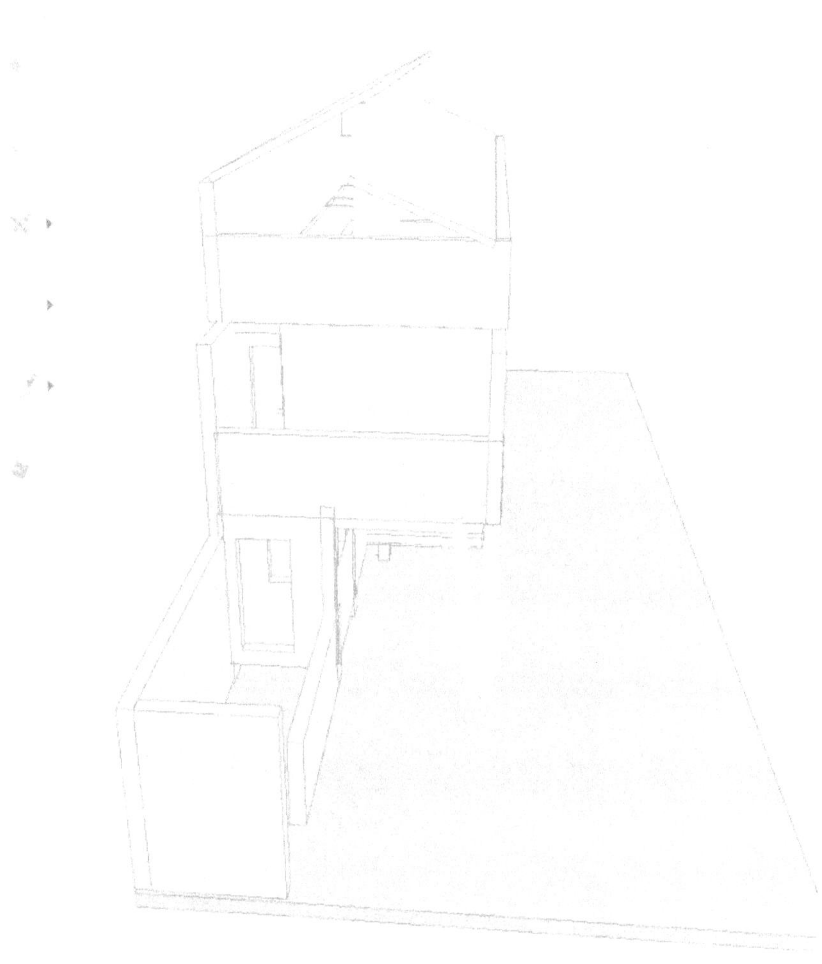

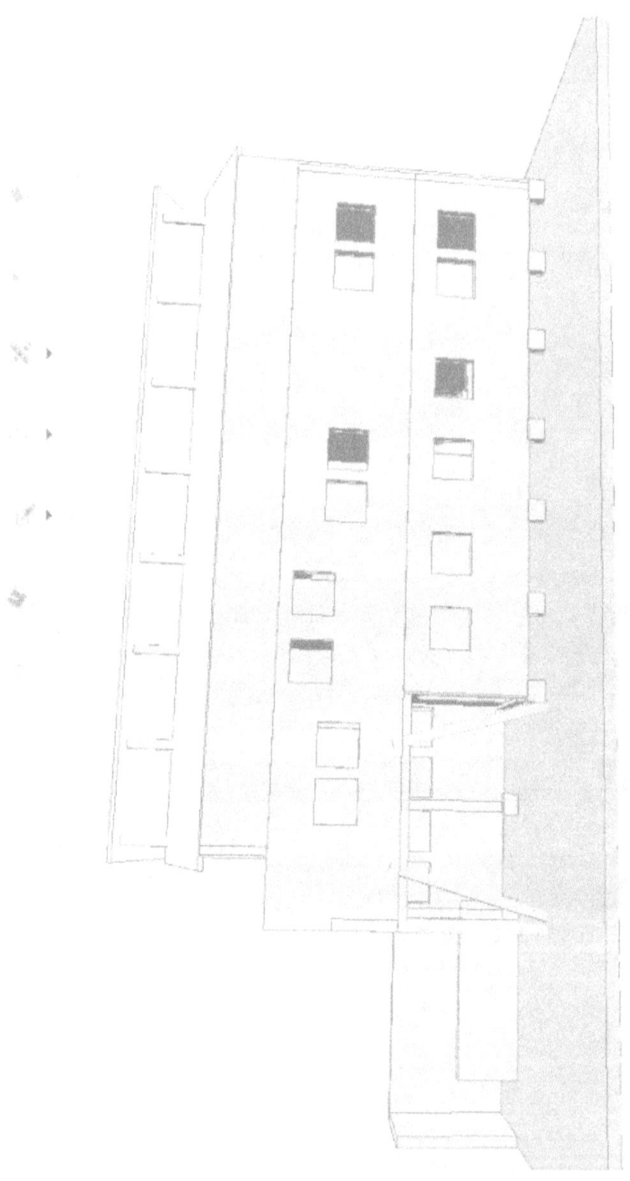

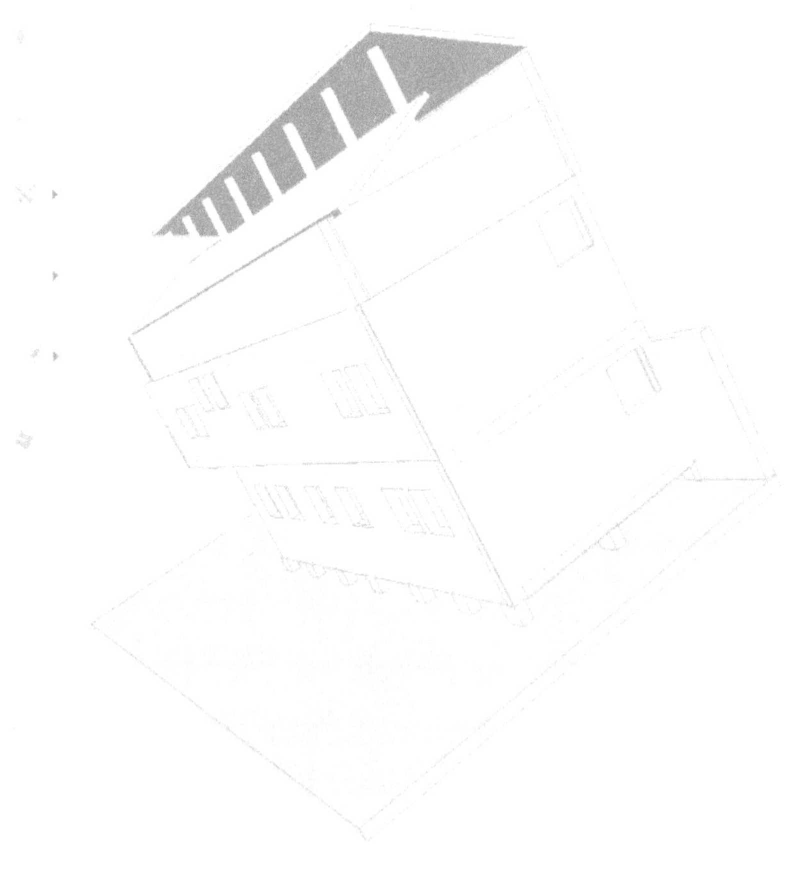

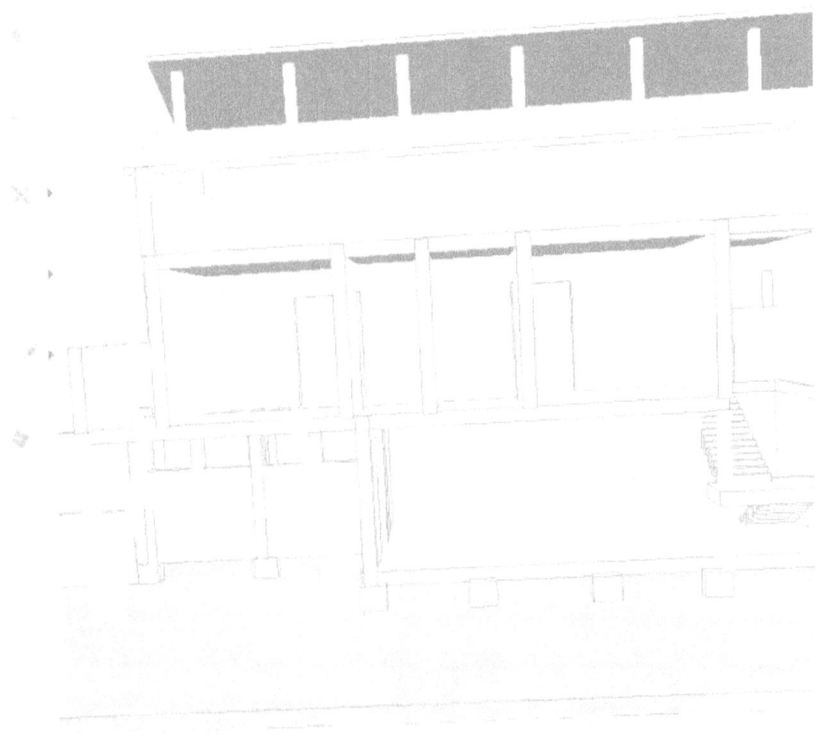

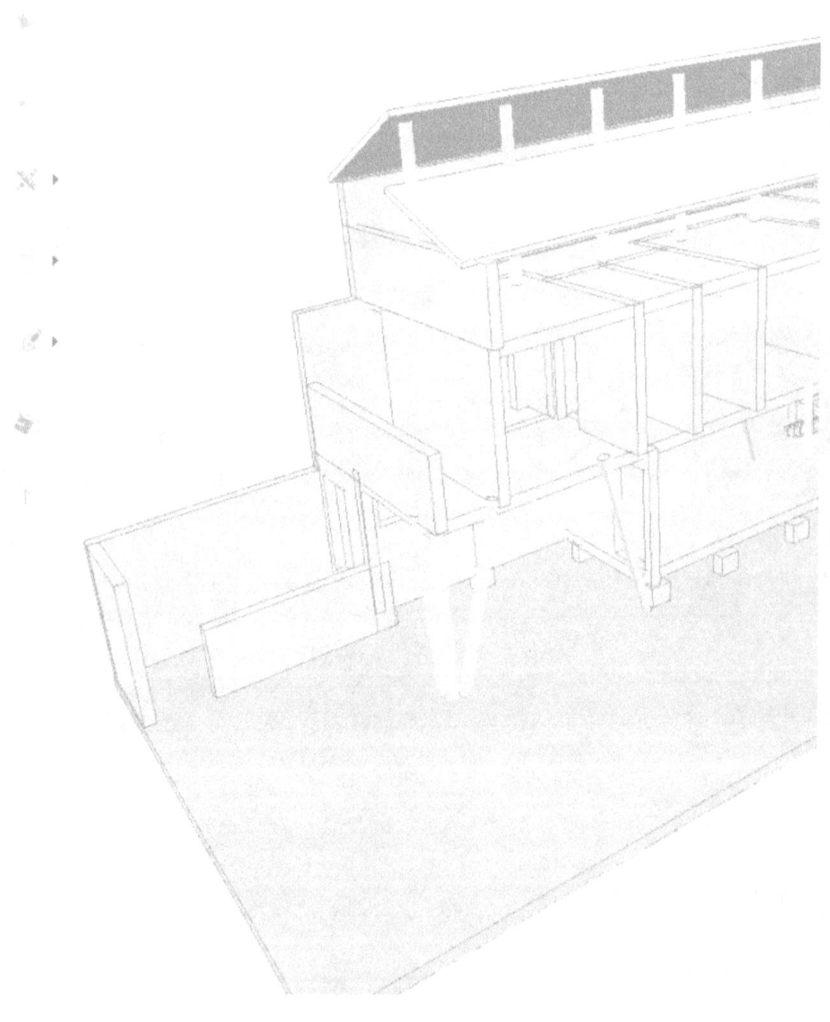

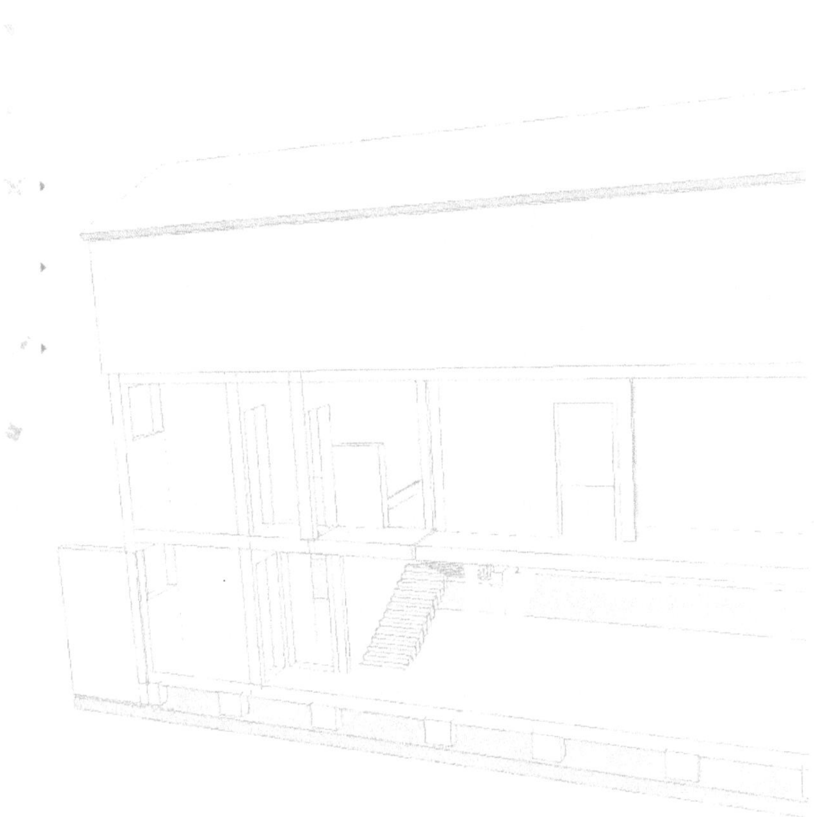

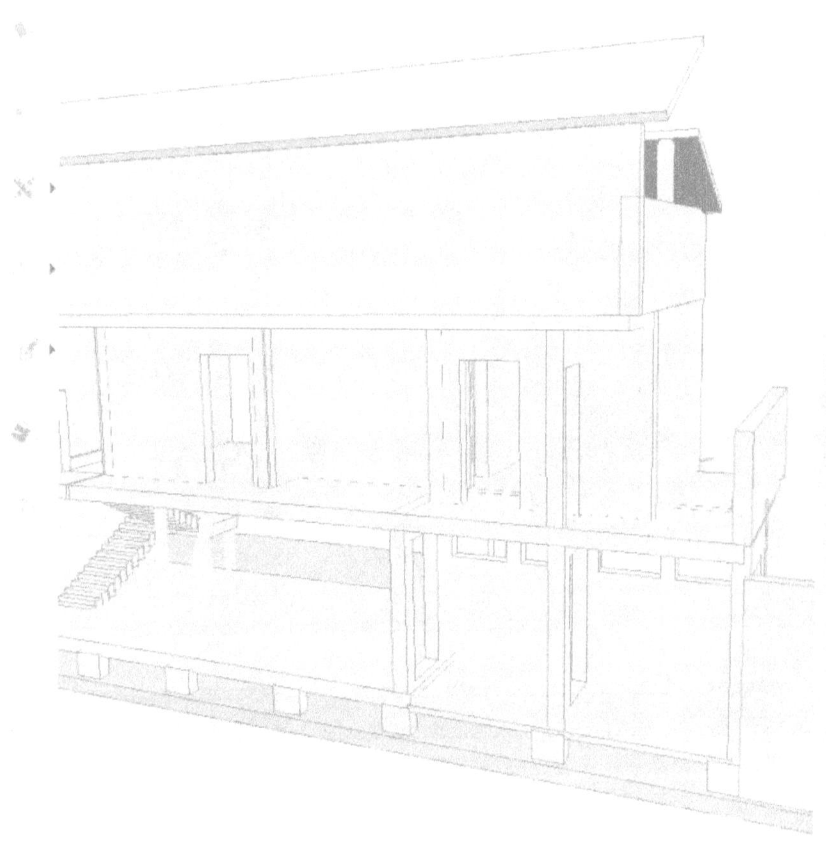

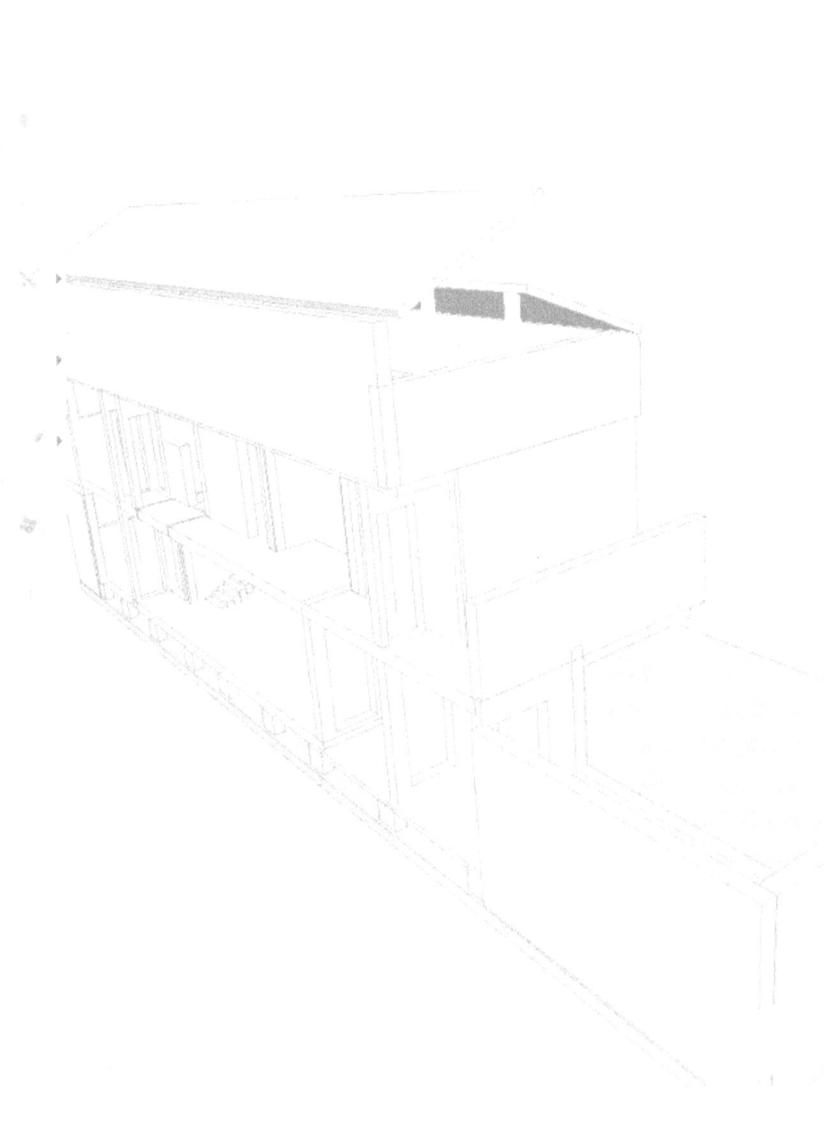

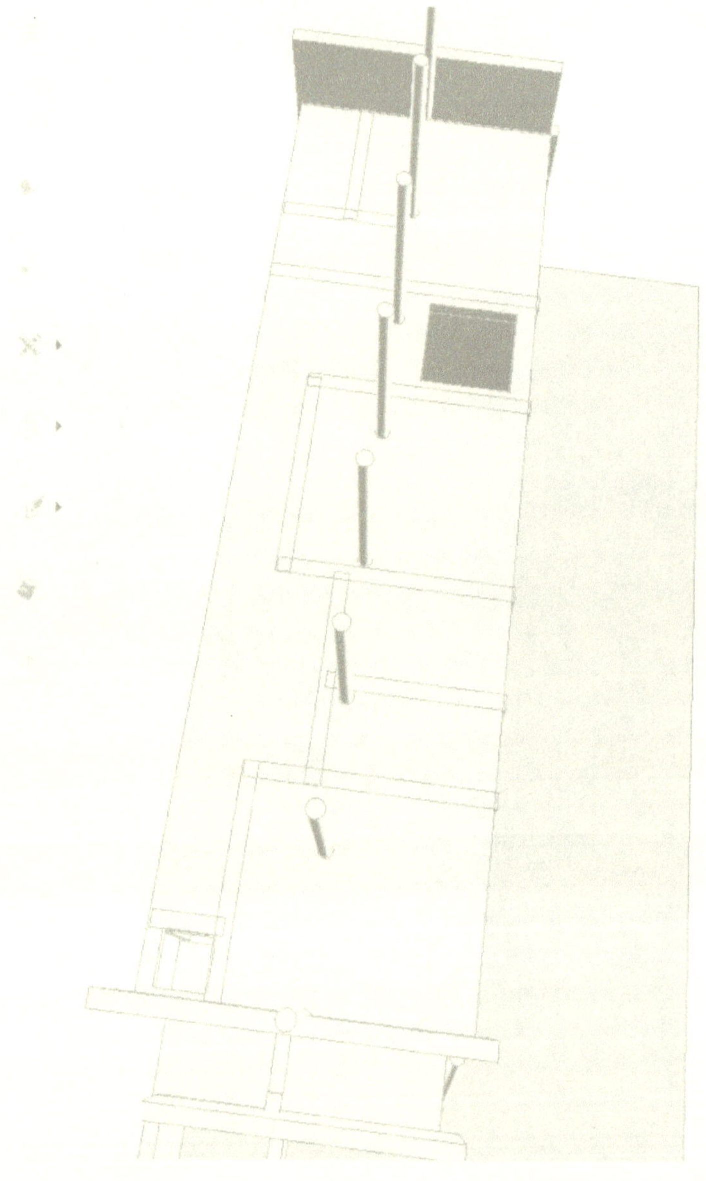

Las ventanas principales deben estar orientadas al norte o al sur, según el lugar donde se vaya a construir, en la misma dirección que el techo inferior. En el hemisferio norte las ventanas deben estar orientadas al sur y en el hemisferio sur las ventanas deben estar orientadas al norte. Las siguientes imágenes muestran la posición de la casa según la latitud (línea del Ecuador en rojo, Trópicos en verde).

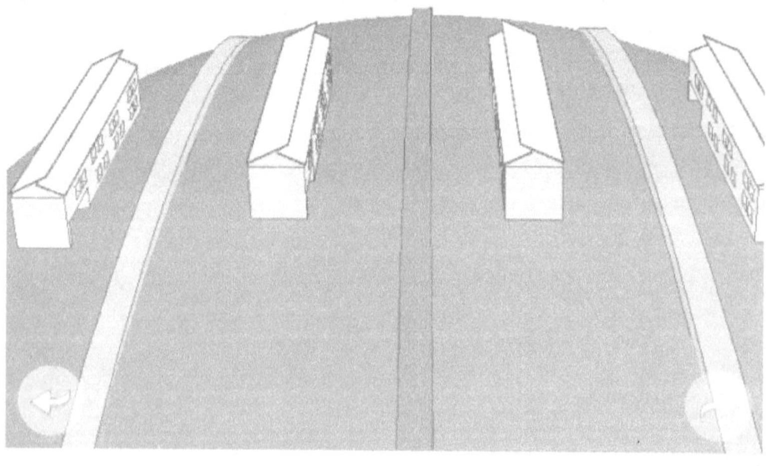

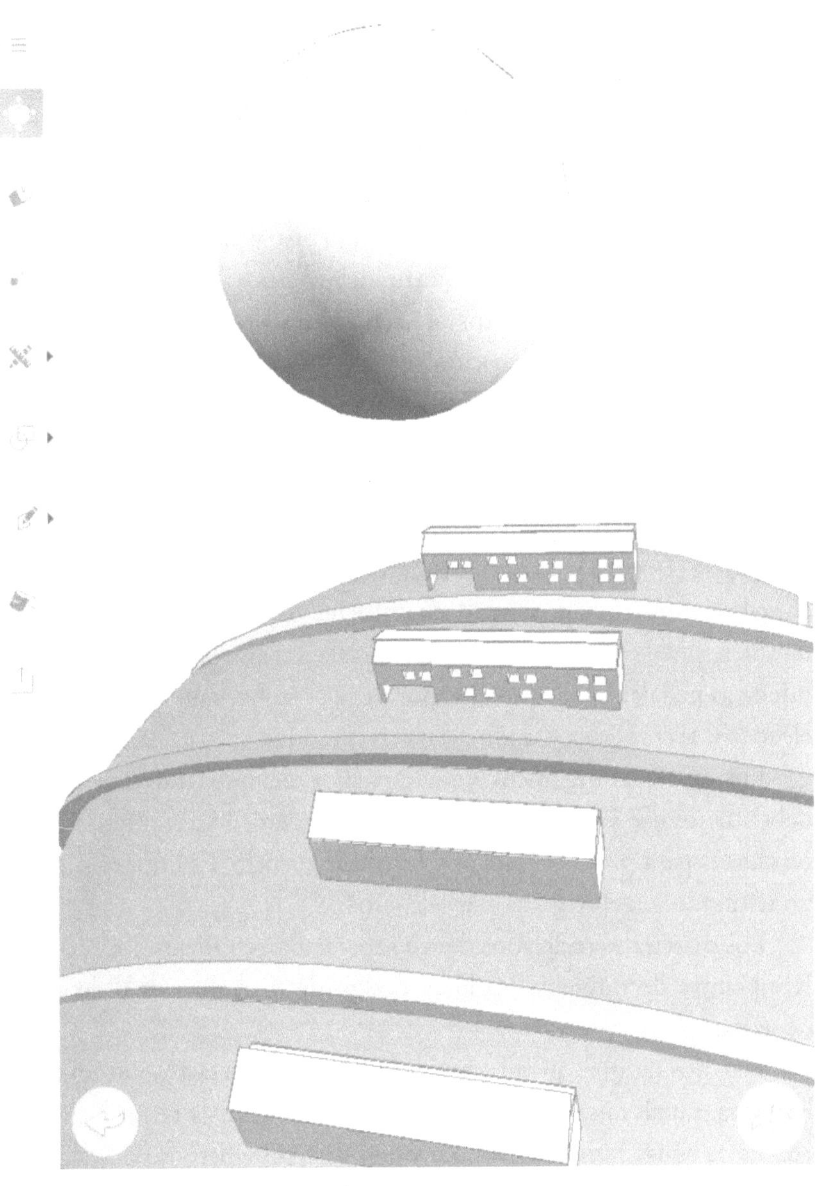

Si la pared donde se ubican las ventanas está cerca de una pared o una pared vecina, es importante pintar esta pared opuesta a las ventanas en blanco para permitir una buena iluminación de la casa. Si es posible, construya la pared de las ventanas a una distancia de **al menos seis metros de otra pared** o división, permitiendo así una iluminación adecuada y un área para plantar árboles grandes.

Primer piso: cochera, sala, comedor, cocina, lavandería, jardín de invierno, baño, oficina, escalera al segundo piso y patio.

Plante algo aromático en el jardín de invierno. El invernadero y parte de las escaleras están abiertos al techo, para proporcionar una buena ventilación y algo de iluminación.

Todos los desechos orgánicos secos se queman en el horno en la parte trasera de la casa, generando energía para hervir el agua, purificándola. El vapor se usa en el generador de energía en el tercer piso. Si no hay suficiente material combustible, use el biogás del biodigestor o una resistencia eléctrica para hervir el agua (necesitará un generador manual para hacer funcionar, o úselo cuando no haya nada más encendido; también puede usar una tabla de bicicleta para operar el generador mientras pedalea). Cuando el vapor llega al techo, mueve un generador eléctrico, se condensa y se almacena en el tanque de agua caliente.

Los desechos orgánicos húmedos (por ejemplo, restos de comida) deben triturarse y enviarse a través del fregadero. Va al tanque de aguas residuales para producir biogás y fertilizar el suelo. Es importante tener un triturador en el fregadero de la cocina.

Los materiales reciclados deben separarse y reutilizarse, si es posible. Recipientes de diferentes colores y algo de disciplina es todo lo que necesitas.

Hay dos tanques para las aguas residuales: uno es para el agua de la lavadora, puedes usarlo para regar tus plantas, lavar la terraza, el garaje, etc. Estas aguas residuales son un buen pesticida, pero no destruyen las malas hierbas.

El resto de las aguas residuales (cocina, lavabo, baños), va a otro tanque. Al decantar los líquidos (arriba) ellos pasan a otro tanque, ubicado en la parte superior del horno, en la parte trasera de la casa, para ser evaporado, enviado hacia arriba como vapor para mover un generador eléctrico en el segundo piso, y condensado nuevamente por utilizar en el tanque de agua caliente.

Las aguas residuales restantes van a un biodigestor inodoro para producir biogás, que puede enviarse a la estufa de la cocina o enviarse al horno para evaporar las aguas residuales. Es importante construir el biodigestor cerca de la cocina (pero a cinco metros de la estufa) y el horno en la parte trasera de la casa, de modo que el biogás producido y el horno estén alejados entre sí. Junto al biodigestor puedes usar otro tanque para recolectar el biodigestato (el producto restante de la biodigestión) y usarlo como fertilizante, o enviarlo a la fosa.

Segundo piso: habitación doble con baño, escalera y dos habitaciones individuales, cada una con baño). Las ventanas se pueden cubrir para proporcionar sombra durante el verano y, en climas cálidos, todas las ventanas deben estar orientadas al sol.

Tercer piso: tanques para recoger agua de lluvia instalados en cada esquina, para un total de cuatro (es más fácil y económico tener cuatro tanques con agua lista para usar que una gran cisterna en el suelo. También hay dos tanques de agua caliente y tres generadores de energía eléctrica (dos que utilizan el vapor de los calentadores solares y uno del vapor del horno). Los tanques de agua fría se pueden interconectar, para dividir su capacidad (capilaridad). Es necesario eventualmente bombear agua fría al tanque de agua caliente, por lo que necesitará una bomba hidráulica con sensor.

También es importante respetar las leyes locales al diseñar su hogar. Un requisito común es que al menos el 20% del área total no esté construida (área verde). El garaje y el patio proporcionan suficiente superficie construida para llegar al 20%. Como se expone, el proyecto tiene aproximadamente 164 metros cuadrados de área construida (89 m² ocupados en el terreno), y 30 metros cuadrados de área permeable (área verde) más la terraza permeable. Si su propiedad mide más de 7 x 25 m, simplemente siga el proyecto y habrá mucho verde.

Los materiales utilizados varían según la disponibilidad local. Suponemos que en cualquier parte del mundo alguien puede encontrar bambú, una planta muy versátil y duradera, siempre que sea tratada. El tratamiento del bambú con bórax se considera ahora el más adecuado para el uso humano y el medio ambiente. Otra ventaja del bambú es la capacidad de crecimiento de la planta y la recuperación del suelo. También puede utilizar madera, ladrillos u otros materiales renovables, pero pueden costar más.

El bambú apto para la construcción incluye las especies Guadua Angustifolia y Dendrocalamus Asper, son fáciles de plantar y se adaptan bien a los climas tropicales. Una vez tratados, los bambúes deben estar separados por el grosor de sus paredes. Se deben utilizar como estructuras paredes gruesas (> 1 cm), y el resto dividido en tiras y pegado en dos capas, una horizontal y otra vertical, formando una pieza denominada Bambú Laminado Pegado (BLP). Se puede utilizar bambú muy fino para el BLP para empalmar dos piezas de bambú, pasando por dentro y fijándolas. Use un taladro y tornillos para fijar las piezas y formar estructuras para paredes y pisos. Para unir piezas de bambú para vigas y columnas, use tubos o barras de metal.

Aunque la corteza de bambú tiene una buena protección contra el sol y la lluvia, es importante utilizar una capa de barniz impermeable o manta líquida impermeable, en las partes enterradas o más expuestas a la intemperie, para aumentar la vida útil del conjunto.

Este es un ejemplo de cómo ensamblar piezas de bambú y BLP para construir paredes y pisos. Todos los BLP son de 1 m x 1 m, y las piezas de bambú son de 3 m x 20 cm. Para instalar una ventana, simplemente desmonte (o déjela abierta) un BLP y refuerce los lados. Para puertas, abra dos o más piezas de BLP. Al ensamblar vigas y columnas, use piezas más gruesas (espesor de 1 cm o más).

Ventajas de este conjunto: es muy fácil de montar, mantener y reparar; instalar y mantener tuberías y cables es aún más fácil; Se crea un eficiente sistema de enfriamiento, de modo que el aire caliente asciende continuamente en los espacios abiertos dentro de las paredes, dejando el lado interno lo suficientemente frío, incluso en el calor de la región amazónica. Para las regiones de clima frío, debe llenar los espacios libres con arcilla, espuma u otro aislante térmico.

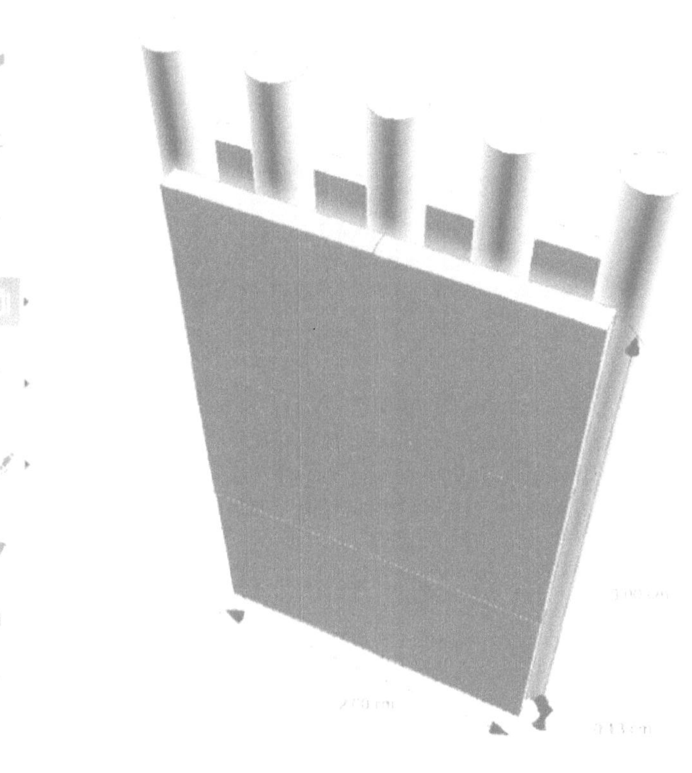

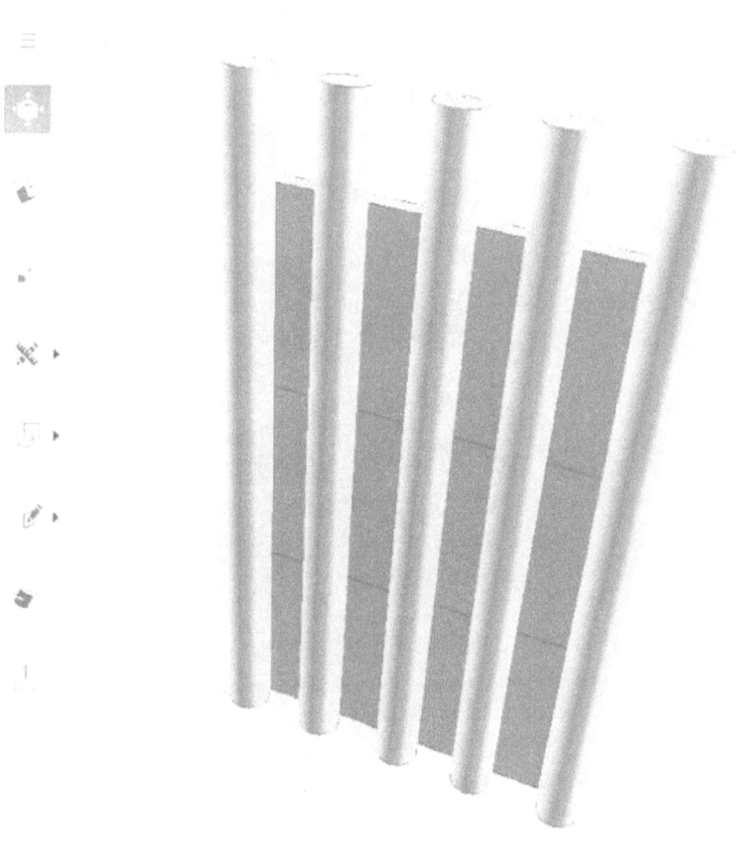

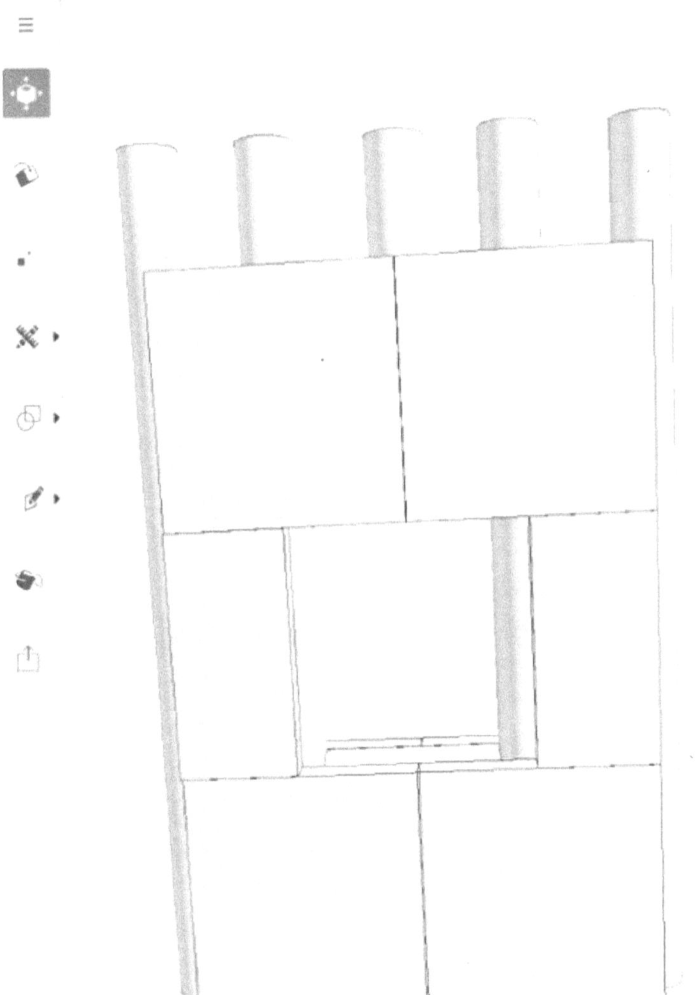

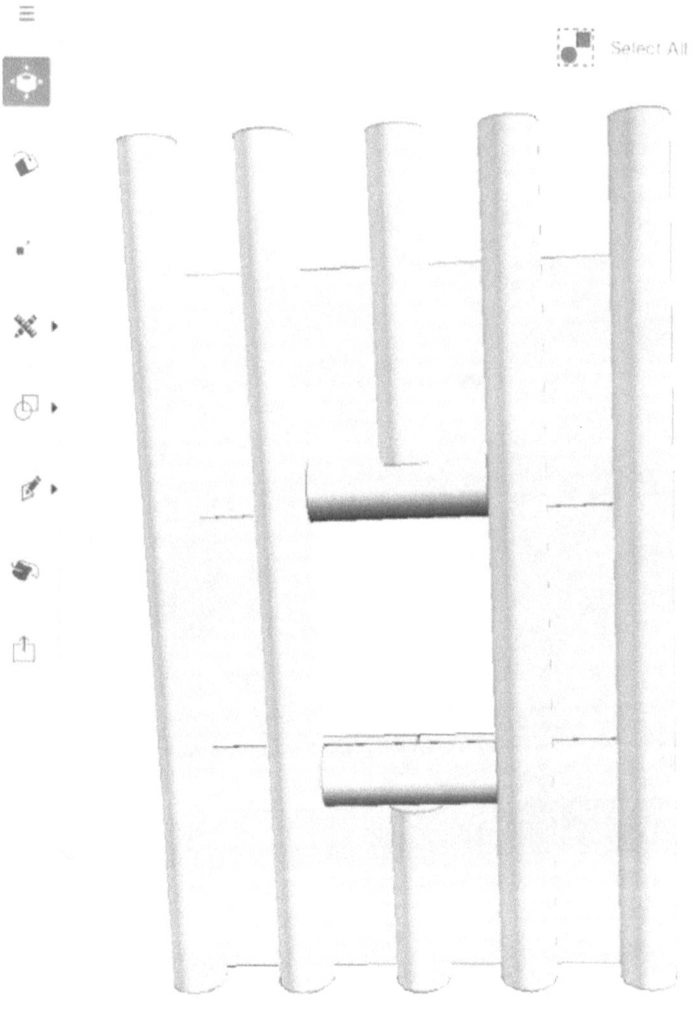

Los plásticos, la arcilla y otros materiales también ofrecen un buen aislamiento térmico, lo cual es importante para evitar que el calor entre en días calientes y salga en los días fríos. Las puertas y ventanas también deben tener un buen aislamiento. No confíe en el aire acondicionado para enfriar o calentar su hogar, solo porque es más barato de construir. El costo será mucho mayor para mantenerlo habitable.

Agua

El agua se puede encontrar bajo tierra, pero la perforación puede ser muy costosa y el agua que recolecta debe bombearse a la superficie. Una solución más simple es recolectar agua de lluvia, disponible incluso en lugares secos como la región semiárida del noreste de Brasil.

Reciclar sus aguas residuales es otra forma de obtener este importante recurso, y es fundamental para una vida sostenible en lugares donde no se dispone de un servicio de recogida de aguas residuales sostenible. Aún así, usar menos agua ayudará. Por ejemplo, inodoros con dos opciones: caudal corto y largo.

El agua residual debe hervirse o filtrarse antes de su uso. Cuanto más lo uses, más necesitarás purificar. Por lo tanto, es aconsejable reutilizar el agua (de la ducha al inodoro y de la lavadora para limpiar la casa).

Las aguas residuales se hierven utilizando dos fuentes: los residuos orgánicos secos, el papel no reciclable y el biogás del biodigestor se queman debajo (contamina mucho menos que esperar la biodegradación, y se considera sostenible si no se puede reciclar) y también un calentador o resistencia eléctrica (movido por un generador de energía manual, adaptarlo a un cuadro de bicicleta).

La energía producida puede ser mayor que el consumo durante el día, por lo que esta energía extra se puede utilizar para calentar el agua servida y enviar el vapor hacia arriba. Como el sistema anterior utiliza agua caliente para generar electricidad, es una forma muy sencilla de almacenar energía (la energía potencial en forma de presión de agua se almacena en los tanques de agua caliente y se convierte en energía eléctrica cuando se necesita).

Utilice siempre jabón y detergente con tensioactivos biodegradables (especialmente con glicerina, las bacterias del biodigestor multiplicarán la producción de biogás), para que se pueda utilizar el resto del sistema de reciclaje de agua (el biogás se produce en el biodigestor y se envía a la estufa o para hervir las aguas residuales) y como fertilizante. Los residuos orgánicos deben triturarse y enviarse por el fregadero. Filtra toda el agua utilizada, porque el cloro evitará que las bacterias anaeróbicas produzcan biogás.

Nunca use sosa cáustica (hidróxido de sodio) para desbloquear fregaderos y desagües, este químico arruinará el biodigestor y requerirá una limpieza general en los tanques para poder volver a generar biogás.

Si eventualmente produce un exceso de aguas residuales, es posible que deba tirarlas, así que construya un pozo negro en el patio, coloque algunas rocas en el fondo para filtrar el agua de los desechos y plante algunas plantas que consuman agua al lado. Pero use esto solo como último recurso, solo si no puede reciclar el agua o durante la temporada de lluvias.

Además de los cuatro tanques de agua en el tercer piso, o en lugares secos con poca lluvia, se debe construir una cisterna en el primer piso, y usar una bomba de agua para enviar el agua al tanque de agua, para su uso. Constrúyalo en el jardín, ábralo en la parte superior, sobre el pozo negro, y use un poco de cloro para mantenerlo limpio (como una piscina).

Puede verter aceite vegetal o grasa animal en el fregadero de la cocina (nunca aceite mineral). Será bien consumido por bacterias anaeróbicas, pero no envíe demasiado. También puedes usarlo para hacer jabón (mézclalo con hidróxido de sodio, también conocido como soda cáustica, y un jarabe de hojas o cortezas aromáticas (bambú, pino, eucalipto, ciprés y similares también son buenos agentes bacteriológicos), si no tienes tiempo.

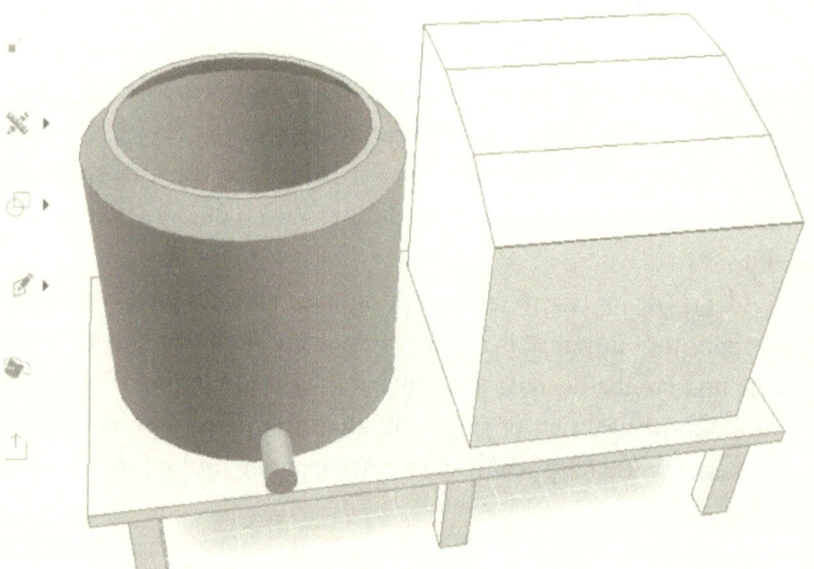

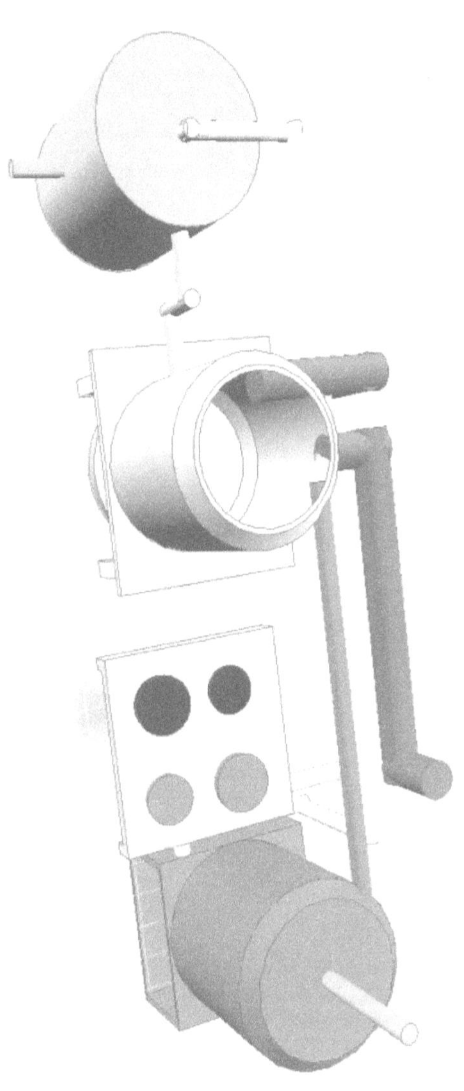

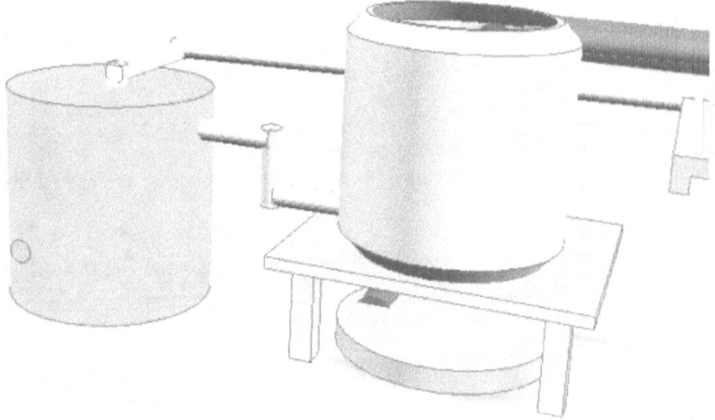

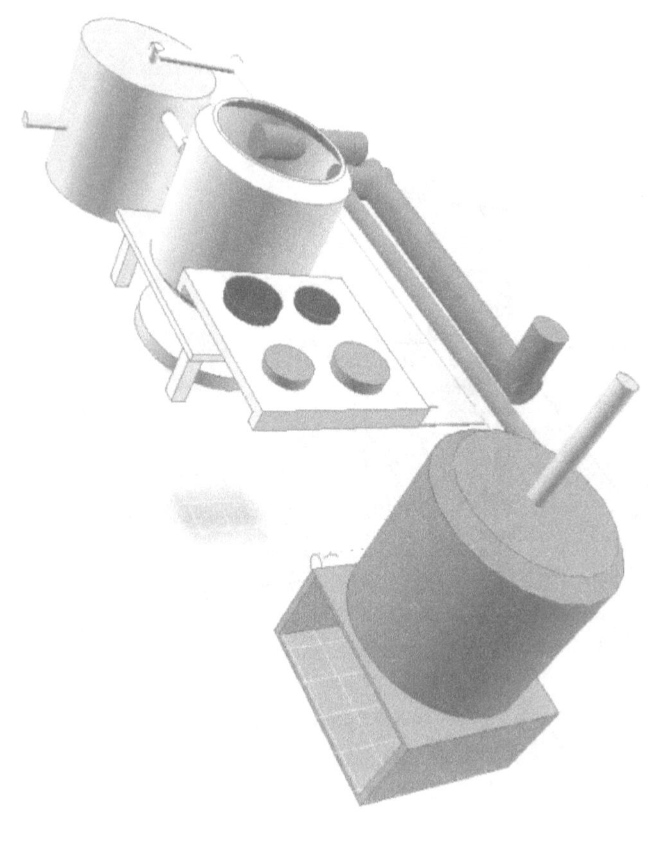

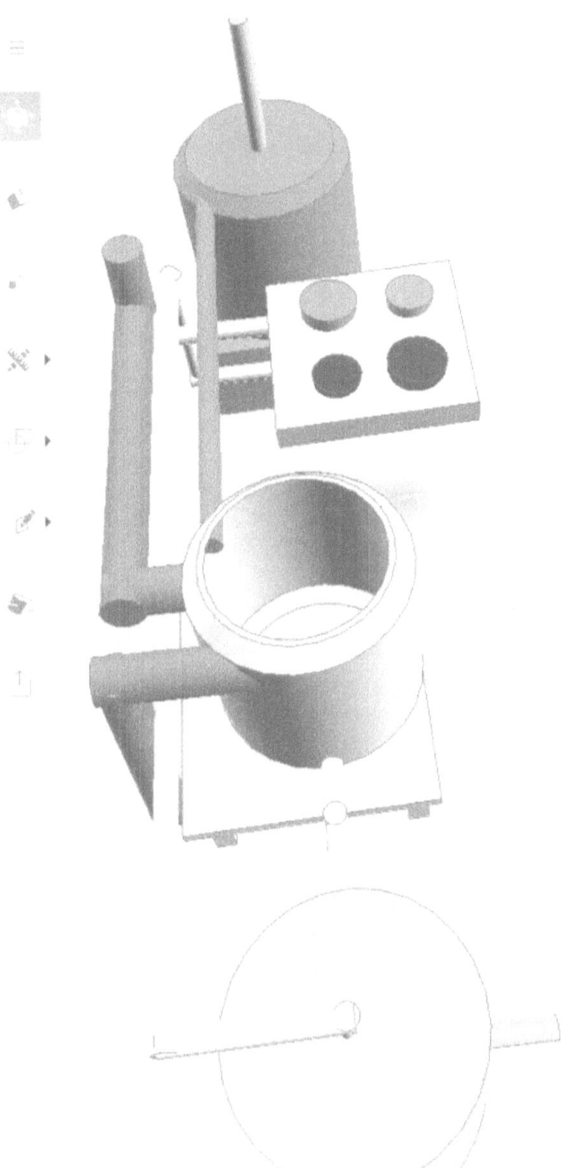

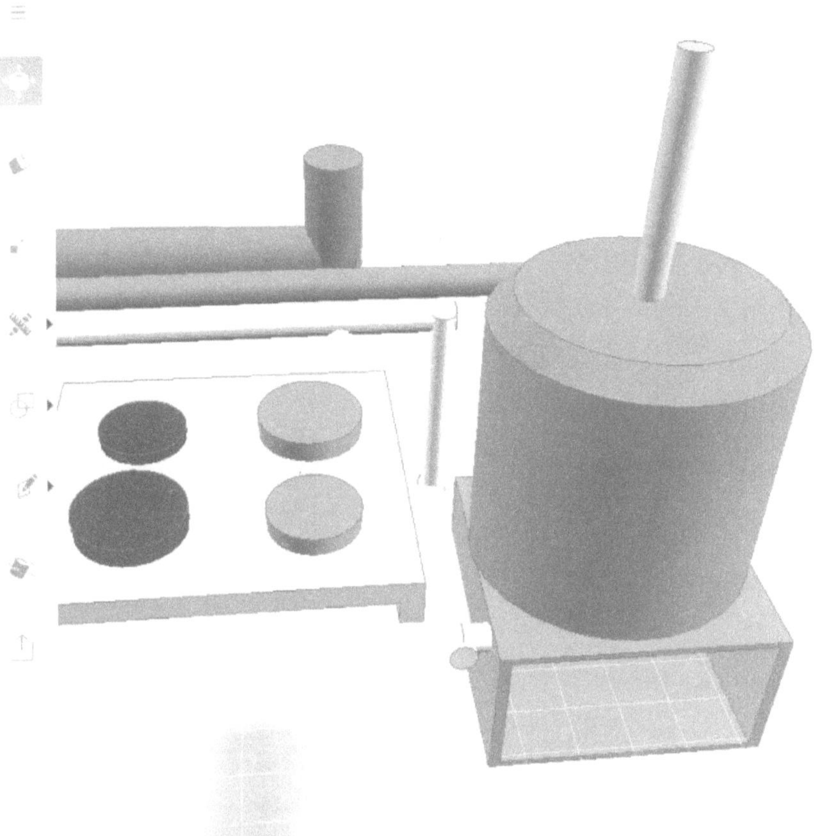

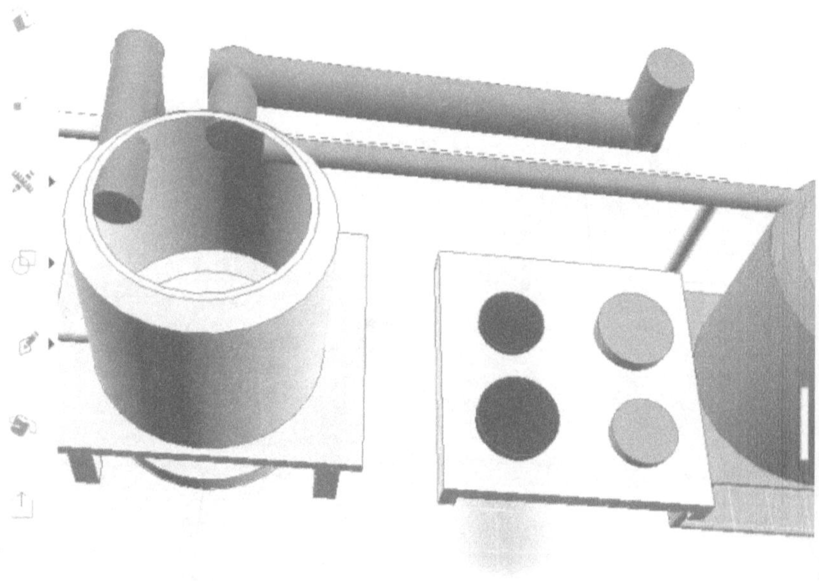

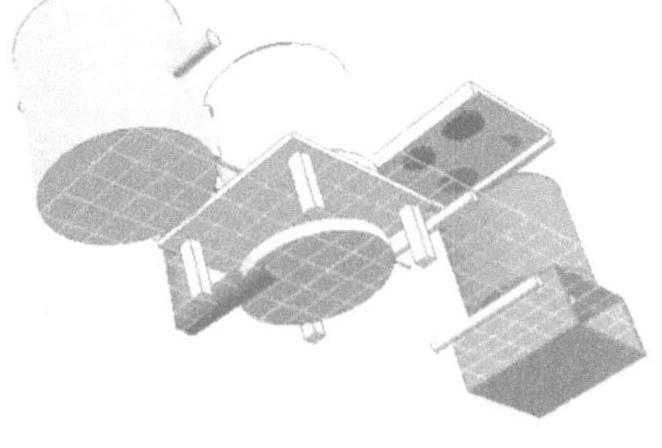

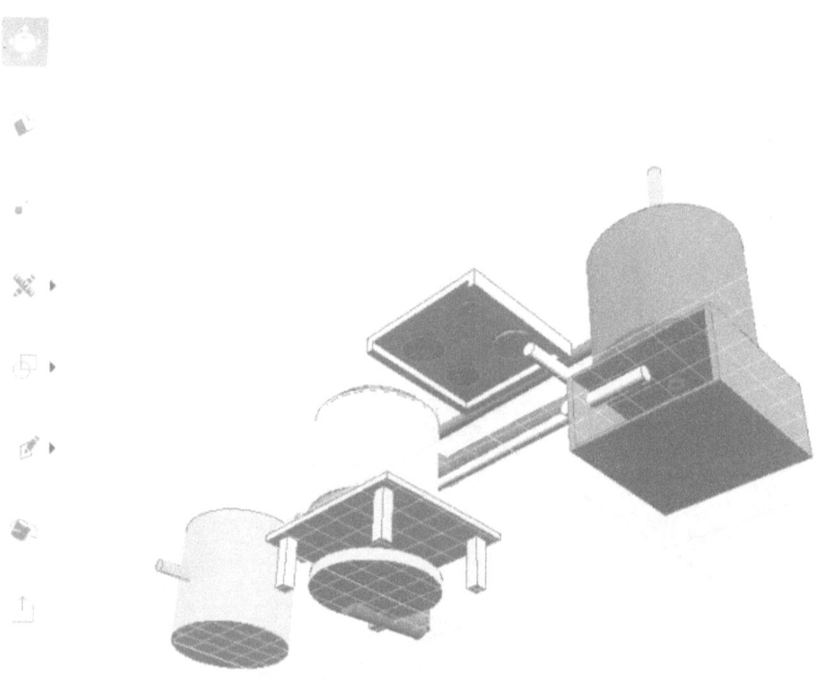

La lavadora (cuadrado blanco) y su tanque (azul oscuro) deben instalarse a 40 cm del suelo, para facilitar la eliminación del agua con un grifo.

Este sistema de alcantarillado (tuberías de color marrón oscuro) contiene un biodigestor (verde), un tanque de aguas residuales (marrón claro), donde se decantarán los sólidos y líquidos de sus aguas residuales, un pozo (naranja), para eventuales excesos de aguas residuales, tanque de ebullición (púrpura), vapor (tubo azul claro), un horno (cuadrado rojo) y biogás (tubos blancos).

Energía

Las fuentes renovables incluyen luz solar, calor solar, viento, biomasa y geotermia. La luz solar, el viento y la energía geotérmica pueden ser demasiado costosos, así que centrémonos en el calor solar y la biomasa.

Paralelamente a la producción de energía, es necesario utilizar menos energía para ser sostenible. Esto significa una casa con buen aislamiento térmico, lámparas, electrónica y electrodomésticos de bajo consumo energético, y un gasto energético mínimo (con sistemas de cableado frágiles, calentamiento de agua innecesario, etc.).

Cualquier automóvil puede adaptarse para usar etanol, pero es mejor comprar uno que ya venga con esta tecnología y recuerde que el etanol puede ser tan caro como la gasolina, porque usa más volumen para producir la misma energía.

Los coches eléctricos pueden considerarse una opción adecuada (cuando se vuelven más baratos), así como las bicicletas (el uso de ambos es importante). El uso del transporte público puede consumir menos recursos de la naturaleza, pero puede ser más caro y no siempre está disponible.

En conclusión, trate de ahorrar (dinero Y energía) tanto como sea posible a la hora de elegir su modo de transporte.

Nuestra ecocasa utiliza el calor del sol y la biomasa para producir energía. Todos los electrodomésticos funcionan con electricidad, pero se puede instalar una cocina de doble energía, que utiliza electricidad en dos quemadores y biogás en otros dos. También puede utilizar una estufa de leña para cocinar, en cuyo caso recuerde invitar al autor y su familia a un bocadillo.

Los residuos que no pueden ir al biodigestor deben quemarse en el horno o usarse directamente en el suelo, como papel, cartón, plumas, café molido, poda de plantas, polvo de madera, plásticos, chicle, uñas, trapos, cabello, tierra o conchas.

El vapor del sistema de calefacción se utiliza para generar energía moviendo un **motor eléctrico monofásico de 2KW 2800 rpm 240V con turbina o similar**, instalado en el tercer piso. Para garantizar la seguridad energética es importante contar con dos generadores, más uno para la presión del vapor proveniente de las aguas residuales y del horno. El vapor se condensará y volverá al tanque de agua. Use un registro para controlar la cantidad de vapor que va a la turbina y un manómetro para medir la presión. También puede utilizar un controlador, un inversor y algunas baterías, especialmente si también está utilizando paneles fotovoltaicos.

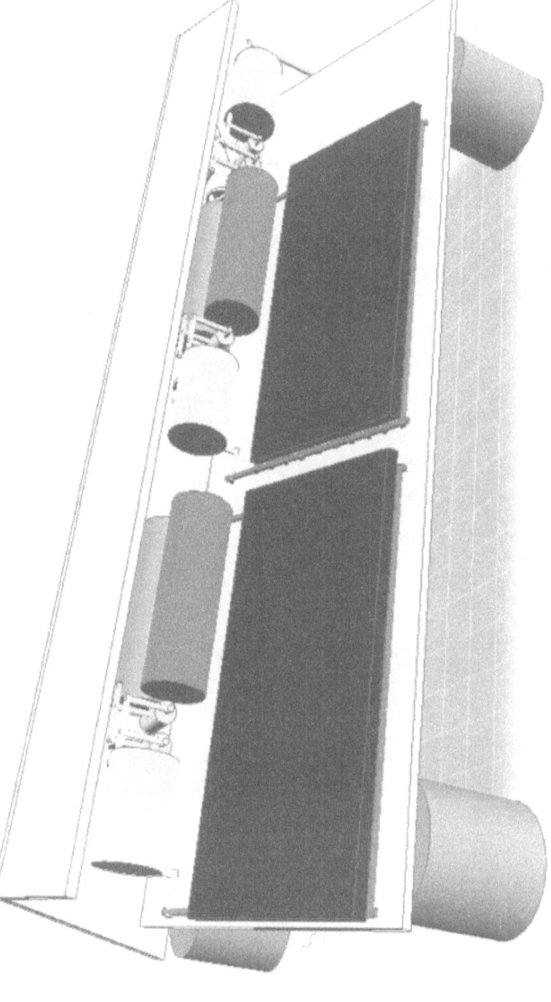

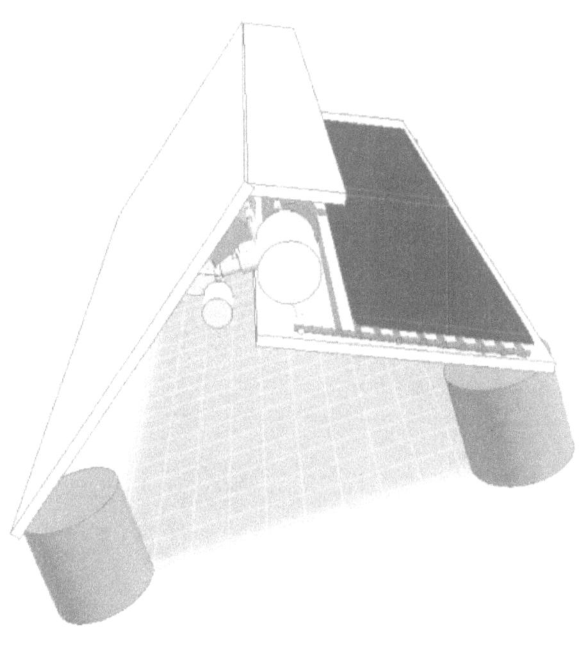

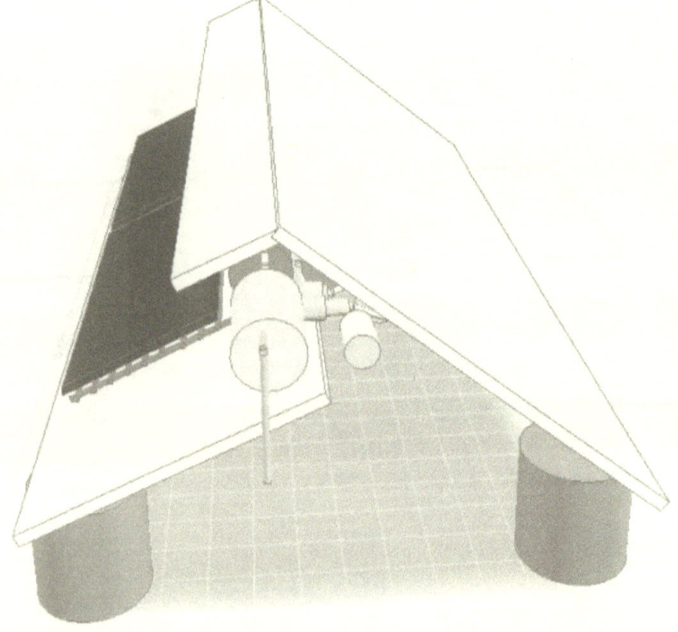

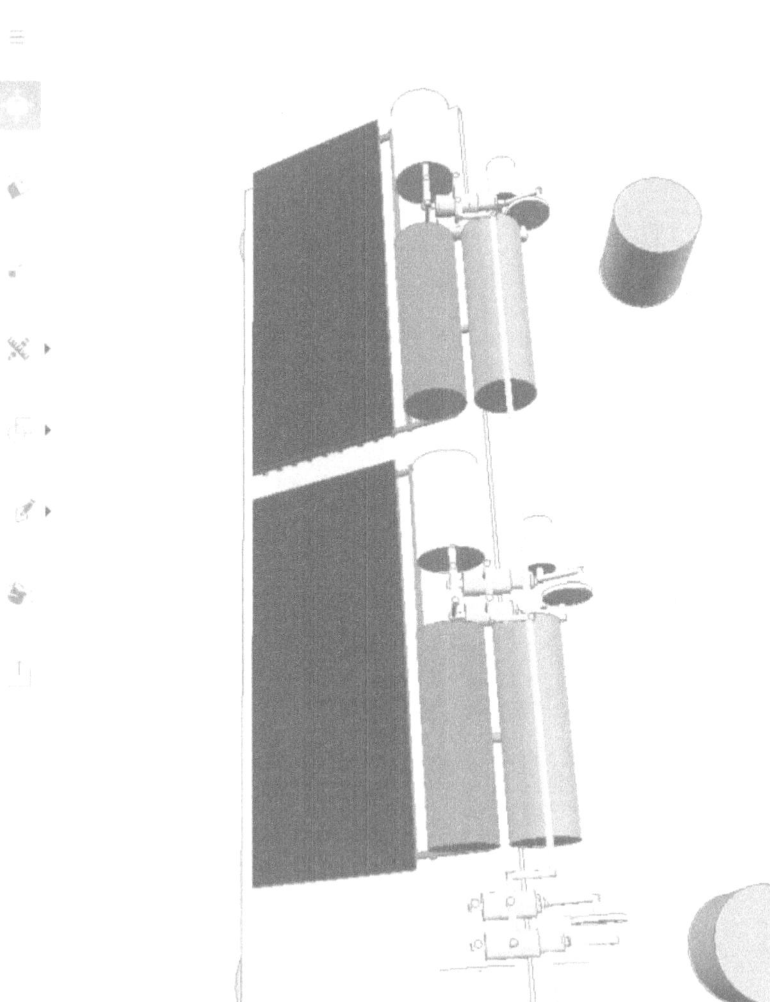

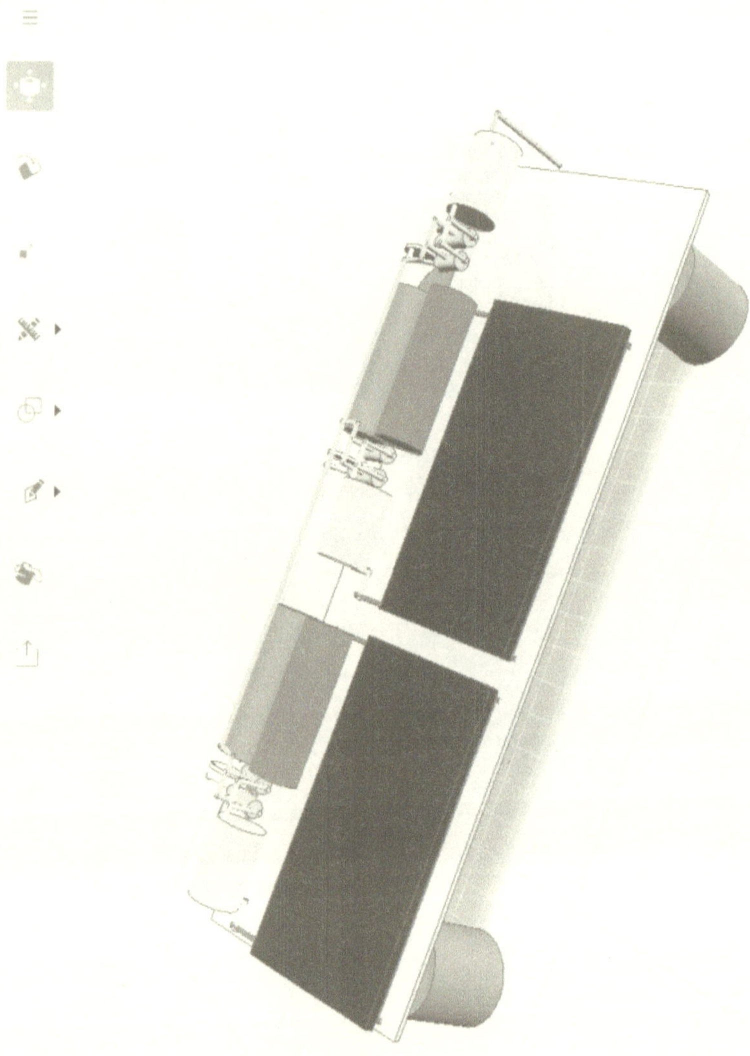

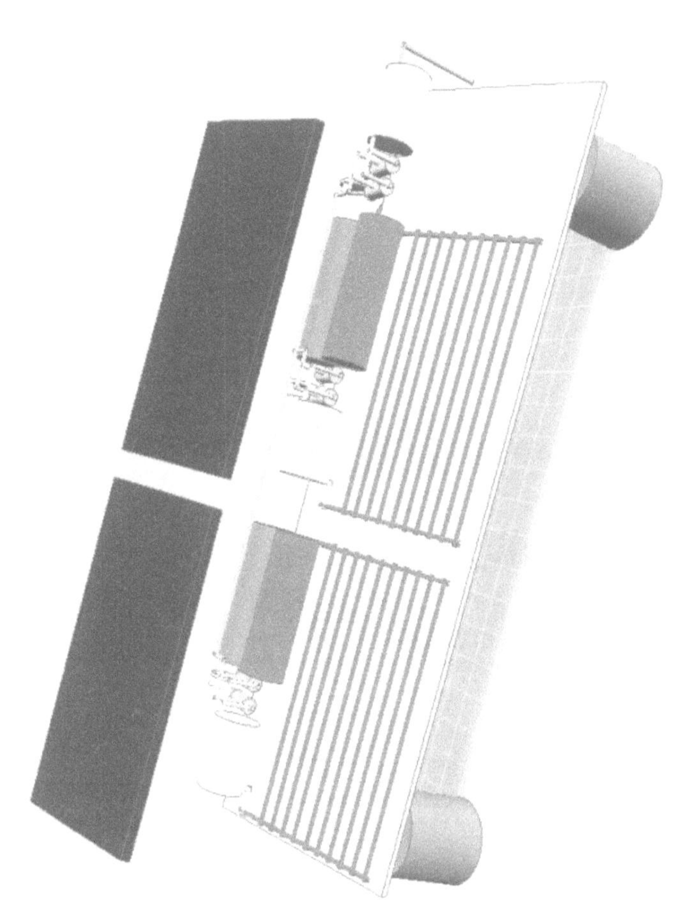

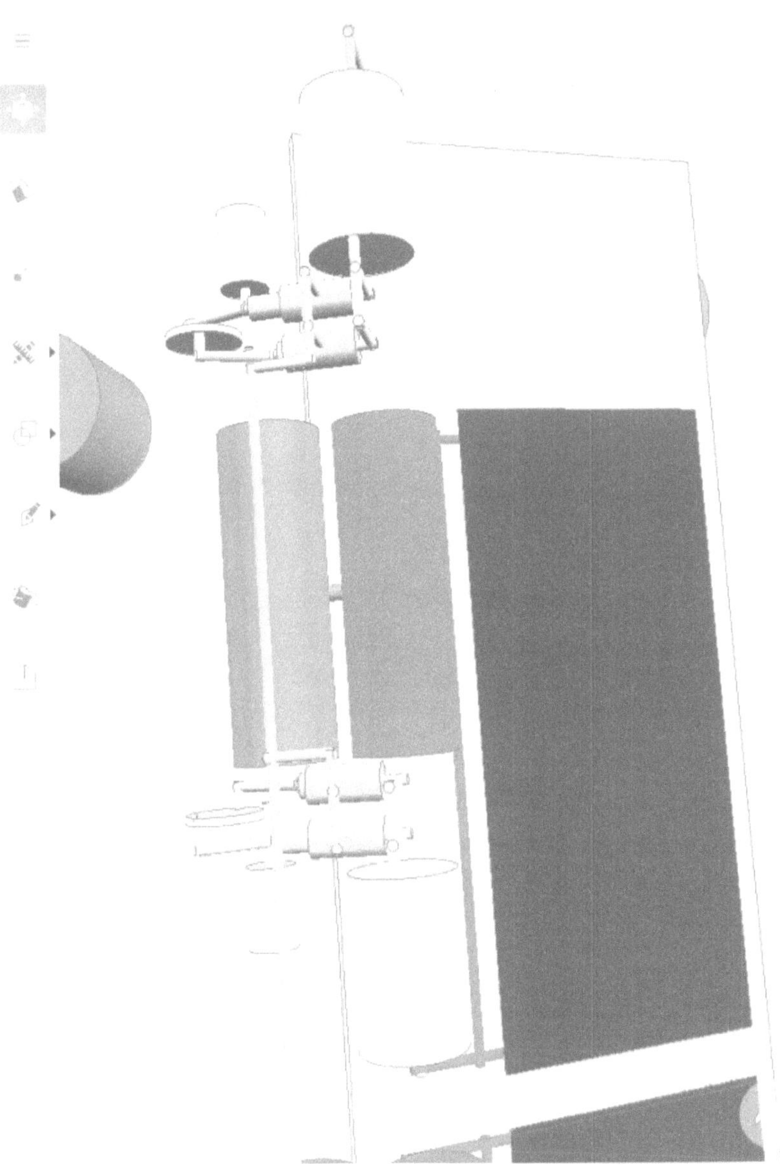

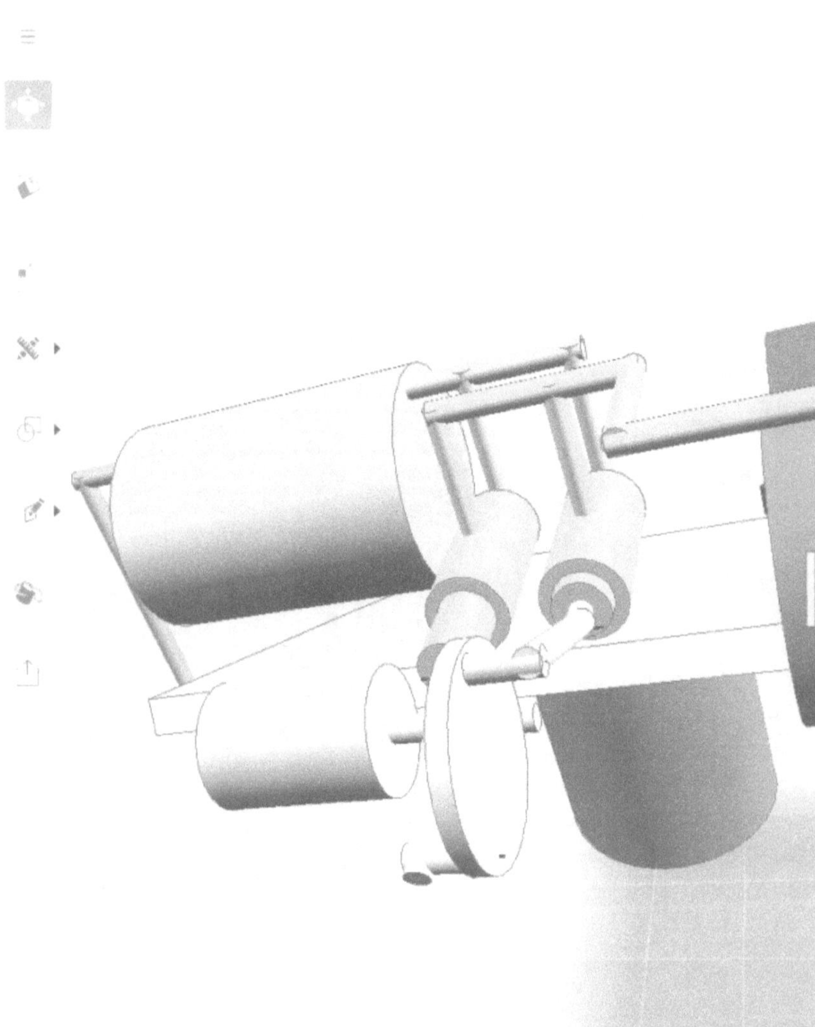

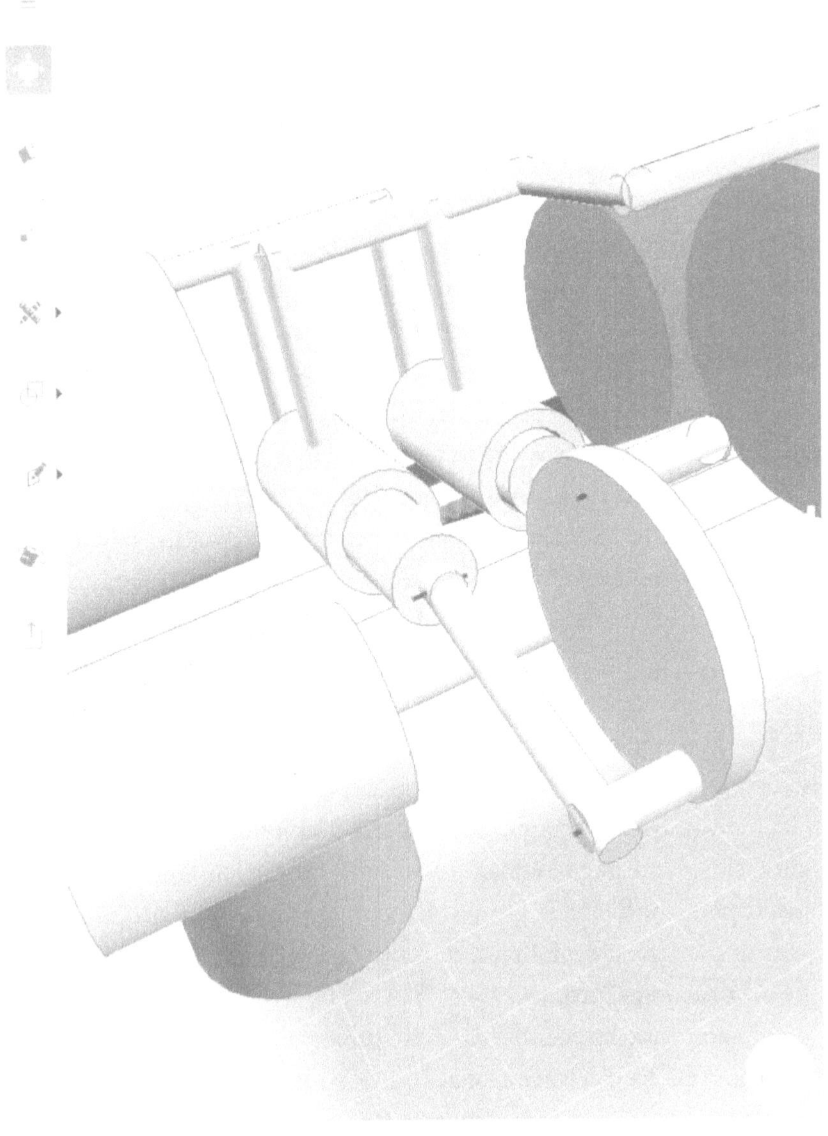

El sistema expuesto arriba puede calentar el agua a temperaturas superiores a 100 °, algo que los calentadores solares ordinarios no pueden lograr. En las tuberías de metal con agua (en rojo) es necesario instalar una placa de metal negra (en negro) y cubrir los espacios entre las tuberías con poliestireno (espuma de poliestireno). La placa de metal absorbe el calor, que se concentra a través de la espuma de poliestireno y hace que el agua de las tuberías se evapore. Utilice tubos de cobre u otro metal que pueda soportar la temperatura y la presión. El vapor se concentra en un tanque apropiado (naranja) similar a una olla a presión, y se libera continuamente a la máquina de vapor (verde). El vapor mueve el generador eléctrico (gris) y se envía de regreso al tanque de agua (azul). Esta NO es una máquina de *moto perpetuo*, en días nublados y lluviosos necesitará usar el horno para generar electricidad. Durante el invierno los árboles están más secos y será necesario quemar más madera en el horno para producir la misma cantidad de energía.

Dado que hay suficiente espacio para árboles grandes, hay un buen suministro y almacenamiento de energía química, y será necesario podar las ramas y dejarlas secar para optimizar su uso en el horno. El agua hecha de vapor en el horno (celeste) va a una máquina de vapor y luego de mover el generador eléctrico se envía a los tanques de agua.

Puede instalar paneles solares en el techo superior, utilizando una estructura encima que dé al sol (no cubra los paneles de calefacción solar y no instale directamente en el techo superior, necesita una buena ventilación y no puede estar a contra del sol) en un ángulo igual a su latitud para condiciones ideales. Recuerda que es necesario utilizar un inversor para transformar corriente alterna y 110 V, y diodos para evitar que uno queme al otro.

En una casa la energía se gasta principalmente en los siguientes utensilios: ducha eléctrica, aire acondicionado, plancha, cocina / horno (eléctrico o gas), lavadora con secadora e iluminación. Evite los dos primeros (use un poco del agua caliente para el baño, y un bueno sistema de aislamiento térmico en las paredes, como expuesto arriba), y use utensilios de baja energía (lámparas de LED, lavadora de ropas y lava platos sin secador, entre otros).

Comida

El acceso a los alimentos depende principalmente de los recursos financieros, y para conseguirlos es necesario trabajar y gastar menos dinero en otras cosas.

La ecocasa tiene aproximadamente 50 metros cuadrados en el techo para sembrar plantas comestibles y una cantidad infinita de fertilizante del sistema de reciclaje de agua (biodigestato). Use el primer piso para plantar árboles frutales y el tercer piso para plantar otras plantas comestibles (tomates, sandía, zanahorias, papas, repollo y coles de Bruselas están llenos de vitaminas y minerales y son fáciles de cultivar). La cría de animales como ganado, gallinas y otros, debe realizarse fuera de casa, para evitar problemas de salud.

Si vives en una zona rural, planifica muy bien dónde se colocarán las plantas, las que requieren cuidados diarios deben estar cerca de la casa, mientras que las cosechas y árboles grandes se pueden ubicar en zonas más alejadas. En este caso, construye tu vivienda en el centro del inmueble, para evitar dejar alguna zona demasiado alejada y quedar olvida con el tiempo. Más información sobre el tema en el libro *The Self-Sufficient Life*, de John Seymour.

Una forma inteligente de aprovechar la naturaleza a tu favor es colocar plantas que fijan nitrógeno en el suelo, como el frijol y la soya, junto a otros cereales como el maíz y la avena, evitando el desgaste y consumo de fertilizantes, además de la rotación de cultivos consagrada. Recuerda que los animales que crías también necesitan comida, por lo que debes sembrar lo que comerán, algo más sostenible que comprar pienso.

Los animales en la propiedad pueden ser una bendición o una molestia en la vida del residente. Hay que combatir insectos como hormigas, termitas, orugas y pulgones echando cenizas en los pies de los árboles frutales, plantando tabaco en las huertas (el tercer piso de la ecocasa está bien protegido de algunas plagas, facilitando la producción) o agua de la lavadora.

Se pueden criar cerdos, cabras y pollos en parcelas junto con cultivos (pero en parcelas separadas, por supuesto). Estos animales limpian el suelo (las gallinas entran en último lugar, para quitar las malas hierbas) y abonan la tierra en las parcelas donde están confinados, haciendo el trabajo de la sembradora y depositando sus desechos donde se necesitan. Además, no necesitarás cosechar lo que has sembrado y dejarlo sembrado para dárselo a los animales, ellos mismos hacen este servicio al cambiar de terreno, ahorrando tiempo, esfuerzo y recursos.

Se ahorra mucho dinero utilizando fuentes de agua y energía sostenibles. Trabajar en la construcción de muebles y utensilios de bambú también es una fuente de ingresos significativa. Además, trabajar en la construcción de ecocasas, adecuarlos y mejorarlos, puede ser rentable, y puede ser compartido por el bien común de la humanidad.

Sin duda el trabajo manual de plantar, regar, desyerbar, abonar y cosechar requerirá tiempo y esfuerzo por parte del vecino, pero todo este trabajo debe repartirse entre los vecinos de la casa, especialmente los más jóvenes. Para aprender a valorar y respetar el medio ambiente, es fundamental tener un contacto directo con él y cosechar sus recompensas.

Finalmente, enfatizamos que no queremos ningún beneficio de estas ideas. Nuestro único objetivo es mejorar el bienestar de las personas necesitadas.

Agradecemos su esfuerzo por hacer de la Tierra un lugar mejor para vivir.

Dios te bendiga.

###

Este libro representa la opinión del autor y nada más; no representa la opinión de ningún gobierno, organización o tercero.
Gracias por su interés en leer este libro. Mi más sincero agradecimiento.

Ciertamente mucha gente no estará de acuerdo con él, como es habitual en cualquier discusión científica ... Así que me gustaría conocer tu punto de vista.

No dude en enviar sugerencias, comentarios y opiniones a rogeriocietto@gmail.com, Asunto Ecocasa. Su correo electrónico es muy bienvenido.

Lamento informarle que no me encontrará en Facebook, Twitter, Orkut o cualquier otro tipo de medio.